THE ART OF CLASSICAL DETAILS II
AN IDEAL COLLABORATION
新古典主义风格
对完美跨界合作的诠释

新古典主义风格

对完美跨界合作的诠释

（美）菲利普·詹姆斯·多德 / 编著
（美）埃莉·卡尔曼 / 序　夏国祥 / 译

广西师范大学出版社
·桂林·

images
Publishing

图书在版编目(CIP)数据

新古典主义风格:对完美跨界合作的诠释/(美)多德 编;夏国祥 译.—桂林:广西师范大学出版社,2016.1
ISBN 978-7-5495-7544-2

Ⅰ.①新… Ⅱ.①多… ②夏… Ⅲ.①新古典主义-建筑设计-研究 Ⅳ.①TU2

中国版本图书馆 CIP 数据核字(2015)第 280218 号

出 品 人:刘广汉
责任编辑:肖 莉 于丽红
版式设计:吴 迪

广西师范大学出版社出版发行

(广西桂林市中华路22号　　邮政编码:541001)
(网址:http://www.bbtpress.com)

出版人:何林夏
全国新华书店经销
销售热线:021-31260822-882/883
恒美印务(广州)有限公司印刷
(广州市南沙区环市大道南路334号　邮政编码:511458)
开本:787 mm × 1 092 mm　1/12
印张:$21\frac{1}{3}$　　　字数:90 千字
2016 年 1 月第 1 版　2016 年 1 月第 1 次印刷
定价:258.00 元

如发现印装质量问题,影响阅读,请与印刷单位联系调换。

合作

音节划分:col·lab·o·ra·tion

名词

1. 和某人一起采取行动生产或创造东西。
2. 拉丁语"collaborare"的派生词,意为"一起工作"。

《牛津英语词典》

目录

9
序言

埃莉·卡尔曼

17
绪论

31
PART I
杂谈

16 篇备受赞美的专业美文
建筑设计师、室内设计师、景观设计师
承包商和工匠
从不同的角度讨论跨界合作

131
PART II
项目

22 所精选家居建筑
20 家来自美英的最受欢迎的建筑设计事务所
精心打造

241
后记

This space was completely transformed for the 2014 Kips Bay Decorator Show House, housed in McKim Mead & White's historic Villiard Mansion on Madison Avenue.
Cullman & Kravis

序言

埃莉·卡尔曼

能参与菲利普·詹姆斯·多德的《新古典主义风格》一书的编撰，我感到非常荣幸："新古典主义"比起"合作"来说，是一个更重要的概念。我一直认为，成功的建筑设计与室内设计只能在建筑设计师、室内装潢师，以及景观设计师、木匠、照明设计师、装饰和平面美工、纺织品设计师和室内装潢商，当然还有总承包商等相关人士之间的频繁的互动基础上才能实现。每项设计的成功都是众多行业专业人士以其不凡的才智不断通力合作的结果。

我喜欢新项目——开始一个新项目在我的想象中就像是导演开始执导一部新电影，剧本、场地、演员和支持团队都是全新的。这总是让我兴奋不已，在工作中接受各种专业人士的帮助和指导，让我感到十分快乐。即使是在我们自己团队的办公室里，我们也总是不断地互相征求意见、提意见、贡献新思路，在处理所有项目时都是这样。合作精神，混合着对于建筑设计事业的深情，始终是引导我们工作的动力，我确信，这种情况也适合参与本书创作的所有成员。

阿兰·格林伯格（Allan Greenberg），一位我曾有幸与其共事过多年的著名建筑师，将合作称为"拉郎配"（Shotgun marriage）。曾经有一位客户分别雇佣了建筑设计师和装修师，但却没有详细交代双方应该如何交流协作。结果，这座建筑的主体从设计到施工从两年拖到了四年，这种情况是非常值得思索的。不管是在哪个阶段，不同专业人士之间保持和睦关系都是非常重要的，这种情况最终将有利于更优秀的最终产品的产生。因为每一个细节都需要从很多角度进行阐释和分析，设计师享有越多的智力资源，他们在设计过程中就越是有灵活性。那些不肯接受他人意见的人，会拒绝接受装修师的意见或委托方的要求，这样做是没法获得心理上的安全感的。

在新泽西州工作时，每当我参与大型复杂建筑设计时，都喜欢征求阿兰的意见。这一情况，我曾经在本书作者菲利普的另一本书（The Art of Classical Details: Theory, Design, and Craftsmanship）中提及。在阿兰的家里，我总是选择坐在一把有着独特椅背的椅子上面，当我坐在上面提出问题时，会觉得特别有效率。阿兰在给我做咨询时，会眨眨眼，朝面前的桌子微微欠身，然后用他高雅的南非口音说道："能为你效劳是我的荣幸。"

对页图：
这个空间完全变换自2014年基普湾装饰博览会（the 2014 Kips Bay Decorator Show House）上出现的一个场景，该场景的原始地点位于麦迪逊大道旁边由麦金利·米德和赖特建筑设计事务所设计的具有历史意义的威利亚德大厦中。
——卡尔曼和克拉维斯股份有限公司

我们的设计口号从那时起一直保持不变——决不在建筑与装修之间人为划线——建筑设计师和装修师必须协同工作，这是毫无疑问的。没有好的建筑设计不可能有好的装修；好的框架结构让设计师更上一层楼。对设计中所需家具、纺织品、以及完工日期的选择，必须在对每一种室内建筑元素的进行节奏和顺序的把握基础上谨慎进行。想想吧，椅背高度都能影响设计！

当我们进行装修时，我们的目标是创造一个和谐的实体。通过统一体现规则的建筑关键词和主要装饰元素，我们确保每一个完成的项目是完全有凝聚力的，而且不仅在每个房间里是这种情况，房间与房间之间也是这种情况。事实上，我们往往很担心委托方要求我们只装修一两个房间，如果一些房间已经完成了装修，不需要我们处理的话，我们就不能有效地把它们统一进整体环境中去。我猜同样的情况也适用于景观设计师，在景观设计师处理的项目中，建筑往往作为园林的背景出现。要最终获得优雅和谐的设计也绝对需要不同方面的合作。

从个人角度，我很感谢那些在过去若干年间一直跟我共事，创造出神奇空间的杰出建筑设计师们。他们的很多作品出现在本书中，这些建筑设计师有：马克·阿普尔顿（Mark Appleton）、阿兰·格林伯格、艾克·克莱格曼·巴克利（Ike Kligerman Barkley）、约翰·默里（John Murray）、杰弗里·史密斯（Jeffrey Smith）、迪纳尔·瓦迪亚（Dinyar Wadia）和彼得·齐默尔曼（Peter Zimmerman）。

有菲利普把我们这些世界级的天才建筑设计师团结在一起，我们是幸运的。我们每个人的故事都不仅仅述说了设计师和装修师之间的互动，还是我们所运作过的每一个项目的严肃的补充评论。这一表现视野贯穿在参与本书的建筑设计师、装修师、景观设计师、推销人员、技工、美工和教师等每一个人物身上，让我们得以因此而具备理解和欣赏更加广阔世界的能力。理解合作的动态变化本质是洞察究竟是什么造就了成功项目的关键。

事实是没有任何人可以在真空中工作。本书收集的项目都得到了充分的描述和呈现——伴随有清楚的文字和图片——这是我们在这个结构组织严密、叙述情绪高昂、而且协作性极强的设计商务项目中互相支持、彼此尊重的明证。

这间由约翰·沃尔克（John Volk）设计的具有历史意义的客厅，一眼望之即觉风格大方而豪华。天花板使用的是古朴的多孔柏树板材，灰泥墙边的室内装饰格调新奇，生机勃勃，种类繁多。所有装饰品使用的都是传统建筑材料，显示出建筑的持重格调。

——卡尔曼和克拉维斯股份有限公司

此卧室设计来自于2014年基普湾装饰博览会。受电影《热情似火》(Some Like It Hot) 启发,卧室的基色材料采用的是铜箔和铝箔,而不是油漆。房间内陈设的亮漆家具和当代艺术品赋予这间传统的镶护墙板的房间以生机。
——卡尔曼和克拉维斯股份有限公司

Inspired by the film *Some Like It Hot*, this bedroom from the 2014 Kips Bay Decorator Show House has copper and aluminum leaf as the base color, rather than paint. Lacquered furniture and contemporary artwork refresh the otherwise traditional paneled room.
Cullman & Kravis

殖民地的克里奥尔式建筑（参见 213 页）：从建筑对面的池塘望过去，可以看到房屋的主体分为几个部分，其中混合着当代的建筑风格。
——肯·塔特建筑设计事务所（Ken Tate Architect）

CREOLE COLONIAL (see page 213): Viewed from across a pond, the mass of the house is divided among several structures, blending several local architectural styles.
Ken Tate Architect

绪论

"我倾向于认为,搞建筑不是为了取悦客户,迎合客户是为了有机会搞建筑。"

——霍华德·罗克(Howard Roark),安·兰德(Ayn Rand)的小说《源泉》(The Fountainhead)的主人公

自从意大利文艺复兴时期,乔治奥·瓦萨里(Giorgio Vasari)首次出版他为当时伟大画家、雕刻家和建筑设计师编写的传记以来,建筑设计师是一个浪漫主义孤独天才的观念,始终存在着。 在瓦萨里的作品里,他使得一个神话变得越发广为人知,所有艺术家——尤其是建筑设计师——都是天赋异禀。时光如电,近四个世纪后的1943年,不仅仅是出于巧合,兰德在她的开创性作品《源泉》中塑造了一个主人公——一个具有内在创造力和天赋才智的独立不依的天才——就是一个建筑设计师。

并不令人感到吃惊的是,霍华德·罗克——兰德小说中虚构的建筑师——恰好是以弗兰克·劳埃德·赖特(Frank Lloyd Wright)为原型的。赖特被绝大多数人誉为天才,几乎是所有人的偶像,美国建筑师协会将其评为"美国历史上最伟大的建筑师"。然而,并不是所有的客户都对赖特有同样的印象。有个客户说他"任性,傲慢,自大",另一个客户在跟赖特抱怨他家的屋顶漏水,把餐桌打湿了时,赖特只是告诉他"把桌子挪个地方"。这就是雇佣天才服务的代价吗?伟大天才的个性主义,有时确实会为我们带来一大堆湿家具。

霍华德·罗克和弗兰克·劳埃德·赖特,作为美国历史上最有名的虚构的和真实的建筑师,他们的出现进一步增强那个广为流传的观念:建筑师是自大孤独的艺术天才;他们不肯伺候人,只要别人伺候;他们负责,而且是单独地负责项目的所有方面;客户会以能聘请到他们为自己做设计深感荣幸。然而,在今天这个变化的现代社会中,随着服务业的不断专业化,我们一次又一次地认识到在建筑设计领域合作和团队作战是非常重要的。天下不再是一个人包打,因为个人不可能知道所有事情。

上图:
从住房处穿过正式花园所见定制铁艺大门,背景为远处的园林。

——D. 斯坦利·狄克逊建筑设计事务所

对页图:
这一盎格鲁-加勒比海风格设计的房屋位于佛罗里达棕榈海滩,显示出设计人员曾对南部地区具有历史意义的既有建筑进行过细致的研究。设计有着弗吉尼亚大学杰弗逊亭(Jefferson's pavilion)设计的影子,混合着查理斯顿殖民地建筑、热带英国殖民地复原建筑、法国加勒比海建筑和克里奥尔人建筑的综合影响。

下图：
该款由石灰岩雕刻的柱廊，位于康涅狄格州格林威治一所新建乔治亚风格家居住宅中，特点是在拱门之间设立多立克柱，上方檐壁以铰接样式装饰，并以三竖线花纹装饰和柱间壁。

对页上图：
纳斯公司（The Nanz Company）参与过众多工程项目，能制造出最好的门和橱柜五金配件。可提供众多可置换玫瑰头花饰、铭牌和其他设计品的多种款型制成品，九种尺寸大小可选，适用范围广泛。

对页下图：
福斯特·里夫联合公司（Foster Reeve & Associates）的一名技工正在制作繁复圆形花饰的粘土模型。这个模型做好后将被用来制作可浇铸最终铸件的石膏铸模。

在谷歌出现后并且公司以团队活动的时代，人们往往赞赏集体甚于个人。我们被告知最好的设计方案都来自共享知识，可以在互动交流中获得。这种互动过程引发创造性思想，集体的问题解决方式造成更好的结果。合作（collaboration）一词由此便成了一个经常跟准备、动力、解释、交流和执行等词并列的热词。

然而，即使在这样的现代商业话语背景中，真正的合作关系和合作设计在建筑设计领域仍然比较少见。这部分是由于传统上建筑设计领域对个人创造的强调，在这种文化中，每个设计师往往更专注于自己的个人目标，无法超越自己的自尊心，不愿放弃的唯一作者权利——担心他们的话语权和设计意图会被削弱。不幸的是，这种心理往往导致在同一个项目中工作的设计师更容易陷入争斗和竞争，而不是合作。

对于这种缺乏分享能力，以及相互对抗的态度的产生，我们可以追溯到建筑设计师们早期所经历的训练。尽管在同一个工作室工作，典型的学校建筑设计教育却需要独自进行，好像在开办单独的企业。教学中很少有群体或跨学科项目，也从未有客户。相反，学生们会进行个人设计，高潮是接受评审团的审查。在这种时候，学生们被教导在一个充满竞争、火药味十足的环境中，要充满激情、态度激烈地为自己的设计做辩护。难怪在进入职场后，建筑设计师们往往会觉得设计的各个方面都应该在他们自己的控制之下。他们只是在调用他们的培训经验，或者不如说他们是缺乏经验的。

传统上，建筑设计师的这种被尊崇地位的建立，是基于他们在建筑设施的建造中居于中心地位。这并不是说，今天的设计师们仍旧没有意识到这种地位已经被动摇，既然设计和建设复杂性的增加要求团队的成员投入到需要态度更加专注和技术更加专业化的工作环节中去。实际上，他们只是选择性地忽略这种情况，担心这种情况可能会削弱他们引以为傲的职业的重要性。

事情为什么会这样？这种情况的形成一部分可追溯到对"建筑师"这个词的定义。"architect"（建筑师）一词源于拉丁文"architectus"，这个词又源于希腊文"architeckton"（字面意思是"大师建筑者")。历史上有关"architeckton"一词的最早记录是用于指代埃及左塞尔法老(Pharoah Djoser)时代的建筑师伊姆贺特普(Imhotep)。伊姆贺特普被当成一个具有创造性的、充满智慧的天才,因此从埃及王室获得很多特权,荣获了大工程师、首相、皇储和王宫首席大臣等职位和头衔,在他死掉两千多年后,又被当成了神。普通的建筑设计师当然不能跟他相提并论,尽管今天的很多建筑设计师可能会觉得自己也值得被给予这种认同!现在,资深建筑设计师不会再被给予大师称号(装饰设计师和景观设计师也是如此),为了实现他们的个人理想,他们需要跟很多专业人士一起合作和交流。21世纪的建筑是复杂的,需要众多学科背景的专业人士一起合作才能顺利完工。自从伊姆贺特普时代以来,世界已经发生了改变,不过,仍然有建筑设计师的一席之地。

这并不是说设计师的职责已经减弱,虽然一些职业从业者(特别是室内设计师、建筑商和客户代表)一直从建筑师的作用边缘化这种情况中获益,借此提升自己职业的重要性,增加自己职业的工作量。越来越多的室内设计师把房子内部的营建掌握在自己手里,要求建筑师为他们的创作提供一张空白的画布即可。类似的情况是,许多失意建筑师转行做了建筑承包商,带着一定的骄傲对建筑基址进行设计决策,并没有意识到错误的决定将会导致哪些不可避免的负面影响。客户代表是一种相对较新的职业,也非常重要,特别是当业主无法或不能定期与设计师沟通时。不满意于仅仅担任业主的副官和心腹,许多客户代表把项目经理的角色从建筑师手里夺了过来。所有人都声称建筑行业是一个平等、开放的创造领域,声称对过去单独属于建筑设计师的大饼中的较大一片享有权利。与此同时,这种要求各自权利的情况也使得业主和整个项目的设计受益。

所以,在一个相对短的时间内,我们建筑设计师已经从不愿意分享的自负天才,变成一群没有安全感的人。人人都想胜过其他人,希望能靠嗓门大(形象和比喻的说法)赢得战利品。这不是合作,也不是能应付得了已经使得更多的人参与进来的劳动分工的解决方案。

一个完美的合作案例将驳倒那种认为最好的设计只能来自单个设计师的既有观念,也将证明那种认为所有建筑师和设计师都无法与其他人相处融洽的陈词滥调是不合时宜的。作为一本以建筑设计这种可说是古典艺术为探讨对象的作品,本书检视了一系列当代古典主义建筑设计的完美案例——专注于材料的使用、细节的复杂、工艺的精湛,像作者以前的作品一样每章都被分为两个不同的部分:散文和项目展示。借着16支在设计界有着很大影响力的团队的支持,每一篇散文都从自己的专业角度解释了合作的重要性,同时也列举了一些造成皆大欢喜的成功结果的合作关系。项目部分结合图片展示了当下22所古典主义风格的完美家庭住宅设计。借助在第一章中的宝贵指导意见,这本当代建筑设计文集展示了美国和英国最著名和最有声望的建筑设计师们的作品。

值得注意的是,本书无意使其中描述和展示成为典范或建筑设计的参考,为设计者提供可以遵守的简明规则。相反,本书只是对当前古典主义风格建筑设计的汇总,在本书中我们能够发现、观察、理解建筑师在当代古典主义建筑设计中、在创造具有强大凝聚力的建筑过程中所起的关键作用,以及室内设计师和装修人员、景观设计师、顾问、建筑工人、技师、美工、制造商、供应商和学者所起到的作用。

不论设计出自个人还是事务所之手,所有设计的细节最终将不可避免地变得含糊、繁复、混淆在一起。不管个人还是事务所都不能在设计中独占鳌头。伟大的建筑师团结协作的结果,是众人劳动的产物。然而,也必须得有一个共识,承认某个人——通常是建筑设计师——在工程中居于主导地位。最重要的是,理想合作的实现,需要对设计和建造过程中各司其责的不同角色所发挥的作用给予理解和欣赏。要进行成功的合作,不需要在设计团队中粗暴任意地支使团队成员。在理想状态下,你发现你很欣赏某个同行的工作,你信任和尊重这个同行,你可以通过长期和有收益的合作在你们之间建立起合作关系。成功的合作就像建造伟大的建筑一样,并不是一件容易的事儿。就像下面所示,理想的合作的确就好像是艺术品一样。

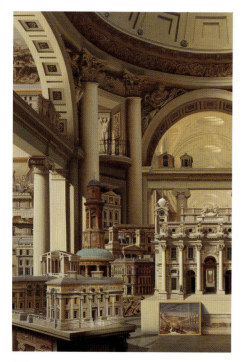

上图:
表彰皇家学会的查尔斯·罗伯特·科克雷尔(Charles Robert Cockerell)的画作的部分——以自由随意的方式展示了这位天才英国建筑设计师的全部作品。
——截自卡尔·洛班(Carl Laubin)的帆布面油画

对页图:
菲茨罗伊广场(Fitzroy Square)的伦敦市政厅,最初由罗伯特·亚当(Robert Adam)设计,后改为医院,风格因此改变了很多。该建筑现在被重新改造为住宅使用,其设计和装修参考了过去的样式,但仍旧保有当代风格(例如在此展示的旧楼梯和楼梯平台)。
——拉塞尔·泰勒(Russell Taylor)

上图：

博科斯伍德住宅（参见第 197 页）：这个定做的木制壁炉架前面带有伸缩拉门，上方有半条带状装饰台，被设计成整面墙面板的一部分。

——G. P. 谢弗建筑设计事务所（G. P. Schafer Architect）

对页图：

古典主义风格的联排别墅（参见第 179 页）：这个壁炉架的成功之处在于制作选择了颜色对比鲜明的材料，在黑漆墙面板上安装饰以白边的赭石色大理石框架。

——S. R. Gambrell with Liederbach & Graham 建筑设计事务所

上图：

博科斯伍德住宅（参见第 197 页）：图书馆手工橡木板细部，在一个相当传统的房间内融入当代元素。

——G. P. 谢弗建筑设计事务所

对页图：

古典主义仿古风格的联排别墅（参见第 203 页）：只见在分为三部分的组合枝形吊灯散发的光和上方的环形天窗射入的光线的照耀下，一条风格高雅的楼梯旋转着贯穿了市政厅的三层楼。

——安德鲁·斯库尔曼建筑设计事务所（Andrew Skurman Architects）

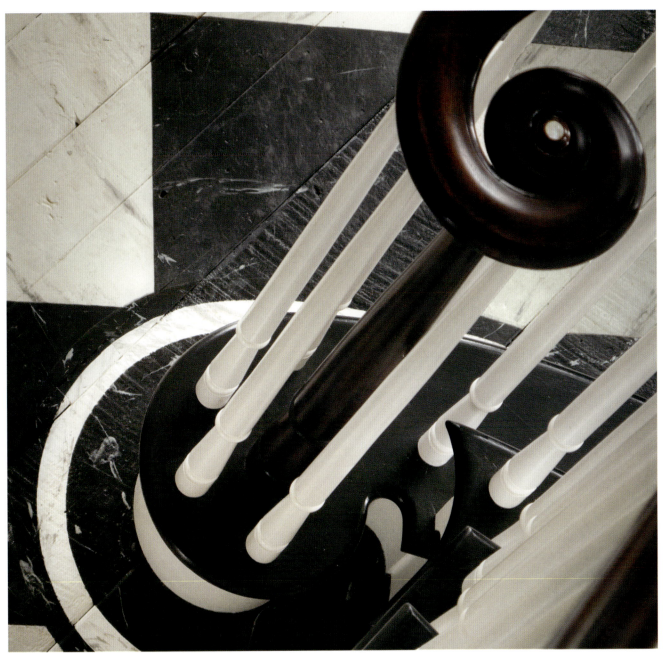

对页图：

细节处见巧妙，如：饰以柱子的护墙板、窗户、活动百叶窗和素朴的颜色，简单而不单纯。

——安德鲁·斯库尔曼建筑设计事务所

上图：

新农场（参见第191页）：入口大厅内，楼梯护栏结束于一个卷轴状装饰物，地面上铺的是长短不一的松木地板块，上面刷着人造仿大理石色漆。

——约翰·B.默里建筑设计事务所（John B. Murray Architect）

上图：
梦想之屋（参见第 33 页）：新奥尔良一座仿中世纪风格住宅中的泥灰拱顶和石灰石壁柱。

——肯·塔特建筑设计事务所（Ken Tate Architect）

对页图：
法兰西斯·特里（Francis Terry）事务所为爱尔兰蒂珀雷里郡吉尔博伊（Kilboy, County Tipperary, Ireland）一所住宅设计的装饰性灰泥吊顶。

——昆兰和法兰西斯·特里建筑设计事务所（Quinlan & Francis Terry Architects）

PART I

杂谈

33 **梦想之屋** / 肯·塔特 苏珊·萨利

39 **学会分享** / 乔尔·巴克利

45 **好设计的点金术** / 史蒂文·加姆布莱尔

51 **色彩的搭配** / 唐纳德·考夫曼

59 **一个建筑施工者的观点** / 约翰·罗杰斯

65 **生活和建筑的融合者** / 詹姆士·道尔 凯瑟琳·赫尔曼

69 **山庄之旅** / 卡里·哈马迪

77 **和气生财** / 法兰西斯·特里

83 **粉刷工匠** / 福斯特·里夫

89 **满意之作** / 卡尔·索伦森

95 **与作古的设计师合作** / 卡尔·洛宾

103 **今日之建筑** / 本·彭特里斯

109 **设计和维护** / 约翰·米尔纳

115 **创造以及协作** / 林恩·斯加罗

121 **想象、愿景和生存能力** / 芭芭拉·沙利克

127 **学术化试验** / 威廉·贝茨三世

Photographed while still under construction, facing St. Charles Avenue is a single-story portico with a row of arches supported by cut stone columns that is reminiscent of the work of Palladio in Vicenza.
Ken Tate Architect

梦想之屋

肯·塔特（Ken Tate） 苏珊·萨利（Susan Sully）

当客户来见建筑师时，通常是携梦想而来，但那些梦想往往只是模糊地包含一些生活富足、健康幸福之类的思维片段，尚未形成任何具体的意象。建筑师的工作就是把客户梦想中的房子变成存在，通过一系列实验性的想象过程把那些房子拉进三维的现实。这个过程需要借助想象的力量，长时间地步行穿过那些不存在的房间，逐渐想象清楚在不同房间里看到其他房间的样子，光线对视觉上感受空间狭窄的影响，房间内部的景象。这是一种分阶段化的视觉化过程，始于建筑物的总体框架结构，中间涉及对于建筑功能运转的理解，渐渐达到建筑设施的具体层面。要想将项目设计好，主要设计师必须将他们的想象能力贡献于这种梦想，但同时他们就必须明白需要放弃一些东西，相信梦想有自己的生命。在经历过这种情形后，设计就能够得以被连续、直观地展现出来，最后形成一个既令人惊讶又具有较高识别度的最终方案。

这里提供的具有特色的效果图，是新奥尔良圣查尔斯大街上杰弗里和沃尔顿·戈德林家的宅邸（the Jeffrey and Walton Goldring residence）的设计图，系选自设计过程中绘制的280多页图纸之中。受邀在圣查尔斯大街上设计一所新住宅，这是任何一个对古典建筑设计感兴趣的建筑师都梦想得到的工作，当然也是一个令人望而却步的项目。在这个案例中，最大的挑战之一是要不顾有关方面的严格禁令，拆除现有的房子，通过复杂的审批程序。领导该项目设计的是新奥尔良本地设计师丹尼斯·布雷迪（Dennis Brady），他不仅对本地建筑历史有较多了解，而且就住在新建筑将要树立起来的街角地区。当我们等待施工获得批准时，我的客户们和我一起在临近的非商业区建筑群落中流连忘返。这个地区的建筑建造于被称为殖民地风格复苏期的19世纪晚期和20世纪早期。

通过在圣查尔斯大街和许多与之相交的美丽街道上驱车漫游，我们开始了研究。所游览的地方也包括建于20世纪第一个十年间的、有大门守卫的奥杜邦宫院内大道，道旁耸立着当地最令人印象深刻的建筑物。虽然，最初，客户们持有法国古典主义美学的观点，但是，我们所见到的东西很快就把我们导向认同意大利、地中海和西班牙殖民地建筑风格。新房子需要是能保持持久魅力的经典建筑，以弥补圣查尔斯大街在这方面的不足，而且还得提供能够让年轻夫妇在此安家立业的家居环境。法国古典主义风格的房子可以很容易地被接受为高端建筑，特别是在城市环境中，更浪漫的法国式建筑语言似乎更适合让客户过上他们想要的生活。

对页图：
照片拍摄于工程尚未完成之际，位置是在朝向圣查尔斯大街的单层柱廊处，柱廊包括一系列由石柱搭建成的圆拱，令人想起帕拉第奥在维琴察（Vicenza）的设计。

——肯·塔特建筑设计事务所

考虑到建筑参数和街道转角部位的环境因素，我认为在圣查尔斯大街的一面，房子需要建一个风格正式的、两层楼高的立面，而在街道另一面的建筑立面可以不太正式，不必保持严格的对称。基于这一想法，我设想房子的主体建筑正面应以宽广、对称的立面朝向圣查尔斯大街，两层高的两厢仿佛臂膀一样伸展出去，环抱着一个大型私人庭院。但仍有一些细节没想清楚。房子需要一种建筑元素，以实现从两层高的古典主义风格立面到相对随意的一侧建筑立面的过渡。随之浮上脑海的东西出乎意料，甚至可说异想天开，那是一座三层的塔楼，类似棕榈海滩市、科勒尔·盖布勒斯市（Coral Gables）、贝艾尔市（Bel Air）和圣巴巴拉市（Santa Barbara）的仿殖民地风格建筑。这一设计没有功能性的目的，但是解决了把建筑两部分整合为和谐整体的问题。

当我的工作焦点转移到特定建筑器材的选择时，我想象自己就是那些建筑大师们，比如在威尼托工作的帕拉第奥，在迈阿密的比斯卡亚豪宅（Vizcaya）工作的弗兰西斯·伯劳尔·霍夫曼（Francis Burrall Hoffman），在棕榈海滩市豪宅工作的艾迪生·麦兹纳（Addison Mizner）和莫里斯·法蒂奥（Maurice Fatio），在加利福尼亚地中海式仿古豪宅中工作的华勒斯·内夫（Wallace Neff）和乔治·华盛顿·史密斯（George Washington Smith）。在设想建筑的立面时，我曾把帕拉第奥的作品作为我的参考对象，但我觉得他那种在柱廊上方设置山形墙的做法跟周边住宅风格不协调，周边很多住宅在二楼设置了可以眺望马路的阳台。参考他在维琴察（Vicenza）长方形基督教堂的立面设计，我设计了一条单层门廊，由一排为石柱支撑的拱门组成，拱门后是一条深深的立柱长廊。虽然许多门廊的细节，包括在拱门的拱肩上镌刻十四行诗（借用自长方形基督教堂），仍不清楚，但设计效果是独特的、诱人的，足以使本建筑强大到不用做任何营销推广，即可成为本地区街角处享有较高知名度和吸引力的建筑。

在建筑物的后面，标志性的帕拉第奥式的在柱廊上修建山墙的结构带走了前立面的严肃，为空间增大的门廊的出现提供了可能。对于并列于院子中的两厢的设计，我选用了地中海式风格建筑复兴几十年间早期美国人对于意大利和西班牙建筑的流行做法。从院子里可以看到品质独特的铁制大门、侧出入口上方的二层楼上掩映着两边侧厢和塔楼的绿廊，都显示出特定时代的浪漫风情。当我第一次将塔楼的建造设想告诉客户时，他们并不是很相信我的说法，但最后这却变成了他们欣赏的设计特色之一。他们订购了我的梦想，甚至在还没有完全理解那些梦想之前，他们拥有那种可以让设计师尽情发挥其想象的魄力。那也是一种伟大的合作。

接下来，项目的进展涉及到一系列交流，即涉及到很多大型团队成员，其中包括戈德林的艺术顾问、新奥尔良本地艺术品商人阿瑟·罗杰斯（Arthur Rogers）。客户们是奥格登南部艺术博物馆的主要赞助人，希望新建的这个别墅能为他们日益增长的绘画和雕塑提供收藏空间。在会见罗杰斯和室内设计师杰莉·布雷默曼（Gerrie

Bremmerman）的过程中，为了给每件艺术品设计出完美的收藏地点，我们浏览了客户的艺术品收藏目录，其中有些艺术品体积很大。这种设计要求允许设计师在设计时选择跟设计配合的家具，无论是为了让房间里的家具跟艺术品搭配更和谐，还是与艺术品并列摆放，设计师都需要考虑为特定的艺术品配置特定的照明设计。

由于很多戈德林家的收藏品是当代作品，而且色彩丰富，杰莉和我同时意识到房屋内墙应设计为无色的，特别是在那些有艺术品陈设的房间里。在我的想象中，室内墙壁应该是平整朴素的白灰墙，除了主楼梯间那里的墙壁。在那个地方的外墙会使用德克萨斯产石灰石作为外墙面。在建筑出口处，墙面会加装风格简单的墙面板，在另外一些地方则根本没有墙面板，与朴素的白灰墙面对应的是有较多装饰的天花板，采用穿棱拱顶（groin vaults）、嵌板、古董风格木梁、圆筒形穹窿和大块的内凹式天花板块。

我开始设想客厅的天花板样式——采用刷石灰的双橡木梁柱，下面每间隔较大一段距离配置一个古风木雕橡木托，木托中间是橡木桁条。所用橡木将采用回收来的古董木材，木托由著名木刻大师弗雷德里克·威尔伯（Frederick Wilbur）制作。我的总设计师和效果图绘图员约翰·高迪特（John Gaudet）刚一画出天花板、雪佛龙图案的橡木地板和意大利式石刻的墙外皮（系复制自帕拉第奥在伊斯特拉半岛的设计），我知道这些就是我一直在寻找的样式。当客户和他们的室内设计师看到透视图时，我们立刻达成了共识，不管在细节上还是在总体形象上。

对于别墅的总体想象中有一个环节是缺失的，那就是景观设计。为了整合建筑物风格和所在地点的氛围，需要种植一些地中海特色的植物——相对中规中矩的设置在前面，相对浪漫气质的安排在后面。坚持古典主义设计风格的佩奇的加文公爵／公爵景观设计事务所（Gavin Duke of Page/Duke Landscape Architects）也加入了我们的团队，负责色彩斑斓的花圃、皇家棕榈树的定位，以及陶土和石质花盆的设计。

在漫长的设计过程中（在撰写本文时，这所房子已经建了三年，但我们仍然在持续地绘制设计图），杰弗里·戈德林经常来拜访我，问我在干什么。然后我就回答说："我在做梦，梦想你们的房子的模样。"这个回答最准确地描述了建筑师接近最终设计方案的方式。在建筑施工过程中，必须有人能把整所房子的细节都装在自己心里，在某件事变得不靠谱时，给出肯定或否定的意见。在这个项目的实施过程中，只要一有新东西（照明设备、户内外家具、窗帘和植物等）混进来，客户就会过来寻求我的意见。对这样一对此前从来没有造过一所房子的年轻夫妇而言，这种情况是很不寻常的。这意味着他们明白建筑的总体设计和施工质量是统一的。建造一座可以超越自我而且重要、永恒、完美（也许是用"不完美的"方式）的房子，需要借助建筑师的精神，引导所有使用和热爱这座建筑的所有人一起共同努力。

从花园社区（Garden District）圣查尔斯大道（St. Charles Avenue）所见的、经计算机处理过的一所新居透视图，前方突出位置有一辆街车，显示出新奥尔良城市的浪漫情调。

——肯·塔特建筑设计事务所

BLACK & WHITE HOUSE (see page 169): The unusual, and bold, choice of black shingles and board-and-batten siding with white trim was inspired by a historic Swedish barn with a similar color palette.
Ike Kligerman Barkley Architects

黑白屋（参见第169页）：房屋覆盖以不同寻常的粗大黑木瓦，墙板为缘白边的木板和板条结构，设计受到具有历史意义的瑞典式谷仓影响，采用了类似的色彩搭配。
——艾克·克莱格曼·巴克利建筑设计事务所（Ike Kligerman Barkley Architects）

学会分享

乔尔·巴克利（Joel Barkley）

我有一段有用的童年记忆可以说明合作的价值。我记得当时我把一套已经玩了七年的心爱的旧乐高积木摊在地板上，正在深思熟虑地建造一座现代派风格的白色"别墅"，尽管实际上房子的基础部分用的是占积木数量一半的绿色模块。在搭建前，我按颜色和形状对积木分类，然后仔细配合着开始搭建，让各个部分搭配匀称，风格严谨细致，房子有着清晰的窗户、门、通风口，甚至在房间角落里设计了现代样式的壁炉。与此同时，我最好的朋友戴维用我给他留的一半的乐高积木，在我的房子旁边盖房子。为了显示我在建筑上的品味和技巧，在他到来之前，我完成了我的一半房子的搭建。但他搭积木时，没有太多地关注我的想法。比如，他没有按颜色或形状对他的材料进行分类。他只是猛冲过来，劲头十足地把根本不搭配的积木块组合成一个奇怪疯狂得酒神式的大杂烩。一开始，我记得我对他的做法很恼火，但当我放弃敌视心理，认真观察他的作品时，我发现自己有些敬畏他搭建的庞大建筑，几乎有一种皮拉内西式的潜在的包容性和复杂性。那天下午，我花了更多的时间在戴维建造的一半房子上，把戴维的一些设计融合进我的工作，让两半部分建筑重新融合成一件具有统一性的大作。

当我变成一个成熟的建筑设计师时，我清楚地意识到合作的至关重要。建筑师往往想得太多，我坚信正是合作，以及对违反直觉的判断的有意识克制，造成了有益于事务所工作的必需的灵感。在建造一所房子时，最重要的合作者当然非业主莫属。他们的经验和观点总是新的，不管他们在设计上是否有实践经验。对我来说，作为建筑设计师，与室内设计师的交流也几乎跟与业主的交流同样重要。

我不断地向室内设计领域的人文主义设计师学习，学习大多数室内设计师的"以室内为中心"的设计方法。起初，这种学习经常挑战我的专业储备，年轻人的傲慢使得我不愿意接受室内设计师或装修工的指导，有时情况很悲剧，某人可能会想告诉我人应该是空间的中心或者前门应该安在哪里。室内设计师们的坚持有时是让人尴尬的，比如要求客厅的比例要能放得下右向放置的双人床大小的沙发，或者要确保给窗帘留出足够的拉上、拉开空间。

我的设计偏爱是在设计中自然而然地实现空间规划的条理性。我喜欢在建筑中设置戏剧性的转变、纵深的视线和通透的视野。我非常了解外部的力量对建筑物设计的影响，例如周边的景观、太阳的照射角度。除此以外，室内设计师也会关注这些问题，但他们的关注点更个性化、更具体化，涉及给人的触觉、建筑材料的质地、房间的气味。在我和室内设计师之间，有一些想法是共同的，但是每个人都有一些别人不具备的东西。

当与那些最好的室内设计师和室内装潢师合作时，我学会了在面对那些跟我最初设想相抵触的想法时，隐瞒我自己的意见。这对我来说是一种真正的挑战，一遇到这种情况我的脸就会变红。"你觉得是不是该为这间卧室安一个双开门？"在最近的一个项目运作过程中，一个跟我合作得非常好的室内设计师问我。我记得我在那之前从未做过给一间卧室安双开门的设计。我承认双开门显得有些浮夸做作，而且很不容易开关。然而，考虑到双开门出现的创造性室内环境处在一幢1927年以来出现的风格繁复的诺曼式仿古风格房屋（Norman Revival House）中，我就放弃了原来设想的轴门样式，转而换成对面有平台的法式门。能尝试一下这种风格严谨而奢华的设计，我很兴奋。通常我是会回避这种设计的。在这篇文章中，我得承认，我当时依然习惯于设计那种不太宏伟的房间，但在那个室内设计师的推动下，我获得了为所设计的房屋注入更早以前根本无法想象的全新品格的信心。或者，打比方来说，怯生生地在卧室墙壁上保留更多的空白，才有可能在未来承载重要的美术作品。

一个好的合作者的建议有可能在最初看来是错误的。如果你肯管住自己的舌头，耐心聆听，那些从另一个角度所见到的智慧就能激活那个僵化的"正确"设计，为它赋予更多的思想和经验丰富性。没有好的合作者的参与，要想办到这个是非常困难的。进行纯粹的个人创造是紧张而孤独的。在没有其他人跟我们分享对项目的看法时，设计师就只能一个人、一个又一个小时地、极其孤独地俯身在设计图草稿前苦思冥想。我们在进行设计时，必须借助想象反复进出那个设想的世界，让那些从不同角度审视该设计的有智慧的人考察我们所谓的理想方案。

我常开玩笑说，我们会采用事务所的任何人的想法，只要那想法确实是最好的，或者说直到最后完成设计我始终觉得那想法是最好的。合作团队，好像一个电池组，由观点不同的众多电池组成——总承包商、景观设计师、照明设计师、结构工程师、瓦工、木匠、材料供应员等。从技术上来讲，任何一个人都不可能完全了解建筑业的每一个方面。我什么都不知道，但我知道问谁能打听到我所需要的知识。在讨论设计所遭遇问题的会议上，人人都劲头十足地献计献策。

在这本书中提到过的"黑白屋"项目进行建筑设计施工时，我的一个合作对象是亚历克莎·汉普顿（Alexa Hampton）。亚历克莎所有的时间都在画草稿图，我第一次在一个晚宴上遇见她的时候也是如此。当时，我们坐在一起，轮流在一条餐巾上画来画去。那条精致的餐巾被画得好像"僵尸"一样，上面画满了草稿图，包括对旧的想法的补充、对先前的设计和意图的不断修改。

当时我们并不知道我们后来会以类似的方式，在这所位于康涅狄格州格林威治市的房子里继续合作。在我们第一次一起开会时，她把我的那个黑白相间的设计项目叫作"奥利奥"饼干。她俏皮的批评方式吓了我一跳（我很敏感），但是，亚历克莎随即开始就色彩的呈现问题，跟我细致地探讨起了我带来的格式塔式黑白相间房屋的设计图。

讨论结果是我们就设计一座现代风格的、引人注目的家居住宅达成了共识，那绝对是一座从里到外都熠熠发光的房子。没有她的参与，不会有设计师对其他设计师创

黑白屋（参见第169页）：室内装饰设计师亚历克莎·汉普顿（Alexa Hampton）设计的空间看似随意，但却蕴含着跟室外黑白外观对应的丰富意蕴。

——艾克·克莱格曼·巴克利建筑设计事务所

BLACK & WHITE HOUSE (see page 169): Dubbed *Svenglish* by architect Joel Barkley, the home is a blend of traditional American shingle architecture, English arts and crafts, and Swedish charm.
Ike Kligerman Barkley Architects

厨房窗子下用于吃早餐的空间很小。室内装潢师亚历克莎·汉普顿为固定在墙上的座椅、窗帘和餐具设计了鲜艳的橘色，恰好抵消了房间里到处都有的、容易让人感觉忧郁的瑞典蓝所造成的效果。

意的采纳，更不会有我们单独思考不可能被激发出来的灵感，也就不可能有那座建筑。那是一座在心灵成长基础上造就出来的房子——有点儿像很多年前戴维和我用乐高积木搭建的房子。

当我还是一个年轻的建筑师时，每当我想到了一些东西，我总是迫不及待地把一切都用在设计里，尽管不知道下一个搞设计的机会什么时候会来。现在，我的手里有很多项目，我知道要设计的下一所房屋在哪里，在那里有足够的机会让我尝试占据了我思维空间的某种空间设计方法。我也有了虚怀若谷地接纳别人意见的自信。但是，回顾我们设计过的最好的房子，我发现，它们都成就于人与人之间的合作、分享、和睦关系和愉快交往。

对页图：
黑白屋（参见第169页）：被建筑设计师乔尔·巴克利（Joel Barkley）称为"瑞英式"黑白屋，是一座混合了美式木瓦、英式绘画和工艺品，以及瑞典式风情的建筑。
——艾克·克莱格曼·巴克利建筑设计事务所

A CLASSICAL TOWNHOUSE (see page 179): The walls of the Library in this Chicago Townhouse are finished in a custom peacock-blue lacquer.
S. R. Gambrell with Liederbach & Graham Architects

好设计的点金术

史蒂文·加姆布莱尔（Steven Gambrel）

最成功的项目开始于一个有创造力的、大胆的、意志坚定的委托人。理想的建筑事务所应该致力于按照经典比例进行设计，理解规划建筑层次性的重要性，并且能很好地把握建筑所在地人民的癖好。作为一个团队，我们在制订一所房子的建造规划时，理想的情况是，在立足其存在的文化背景和环境的基础上，兼顾性地解决现代家庭的普遍需求和客户个别要求。

在审查初步设计计划和由设计师提供的设计立面草图后，我会考虑有哪些因素影响了这个团队，使得我们将项目进行到现在的程度，并开始在脑海中想象项目的形象，以强化我对图纸的理解，让设计项目以自己的语言跟我交流。通过在弗吉尼亚大学的建筑学专业的学习，我获得了这样的能力——可以将多种参考案例和草图分门别类地编订进最初的计划和立面图中。我的建筑专业背景也让我能完全理解建筑的实际规模，那使得我在设计室内细部时能充分考虑到建筑的实际大小和外部状况。我的设计不拘泥于某一特定的风格或特定时期的类型，我选择了几个世纪以来建筑的共同主题元素进行设计，而且经常使用采用建筑风格的较早范例作为参考。通常，历史上那些较为独特的建筑设计案例更能吸引我的注意力，它们往往会为我提供绝佳的灵感。我打印了大量的建筑细节图片或照片，那些建筑有博物馆、村庄、宏伟的住宅和古老的纪念碑。为了完成设计，我还按主题从书本上收集了很多不同种类事物的图片，比如乔治亚建筑、抽象表现主义建筑和法国20世纪家具的图片。

我们还和建筑设计事务所的人会面，讨论设计方案和立面图，激情万丈地达成共识：大多数参考案例确实值得大家一起来研究。在同一本书上，建筑设计师和室内装潢师先后在有天花板细部、可爱的配电盘室等内容的页面上画上了不知道多少个记号。这实在是挺吓人的。我们参考的图片和建筑物细部往往来自于戴维·阿德勒（David Adler）或 H.T. 林德伯格（H.T. Lindeberg）这样的美国古典主义设计师的作品。有时我们的设计可以被明显感到是对于20世纪古典主义建筑的模仿，这可能是因为建筑语言是可以自由使用的，某些相对较为稀少的装饰性元素恰好适合我们设计的需求。当然，这也是因为这类房屋的设计和最终呈现结果看起来非常适合现代人的生活方式。

在绘制图纸和形成房屋设计的总体风格阶段，我会花更多时间和委托人进行交流，一起探索能够将他们的个性化需求融入设计方案和立面图中的方式，为设计赋予独特的品质。我们讨论他们的生活方式，参观他们现在的住所，以便在日常生活中寻找更多线索，确定他们已经习惯的偏好。在我同他们交流有关如何改善室内设计、协调建筑外观和周边环境的各种想法时，在他们那启发人灵感的房屋中拍摄的影像资料堆满了

对页图：
古典主义风格的联排别墅（参见第179页）：这所芝加哥联排别墅图书馆的室内墙壁粉刷采用的是孔雀蓝油漆。
——里德巴赫和格雷厄姆建筑设计事务所（S. R. Grambrell with Liederbach & Graham Architects）

我的办公桌，太阳的方向可以为这些问题提供线索，比如特定部分的房屋结构怎样分层、要达到怎样的舒适度，哪个部分需要更宽敞的空间，配备预制木器，要求光照特别充足。室内纺织品、墙皮和预制木器的样品的情况可以丰富我的有关房间差异性的描述。明亮的房屋中往往要有清爽的白色墙壁，而且墙面平整，为填补空隙的绘画作品和灯具预留出空间。在这种情况下，墙面板的细部、书架、花饰和精细的天花板往往为分层次的丰富深色调所占据。

在我们的团队确信总体规划已经胜利完成后，就开始规划进一步的细节。对于色彩、表面粉刷和安装在每一个角落里的家具等添加在建筑主体上的所有元素，我都心知肚明。石材、地板、涂料、预制木器和橱柜，所有这一切都是构成房屋总体精气神的一部分。细微的调整会导致整体风格的变化。家具选用计划的设计和展现要考虑每个房间所选用的纺织品和家具的款式。具体设计方案要包括建筑立面图、墙面装饰设计、墙皮细部设计、预制木器设计，以便委托方和建筑设计师能够对完工情况有一个直观的印象。家具设计和相关过渡衔接设计也是需要的，目的是为了让建筑设计师和室内装潢师能够在天花板反向图的基础上合作设计灯具，确定电气设施的位置和家具的大小。在项目实施过程中，我会不断地查阅设计方案和立面图，确认家具、挂画和灯具的大小跟空间是恰好匹配的。在绘图阶段，在有人发现不寻常的好纹样、画作、五金器具时，对于墙面板的细部，我们常常会做细微调整，或者在装修阶段调整墙面装饰。

最终，这种在两个事务所之间进行的开放合作会造就舒适优化的而不是死板单调的室内环境。

我把自己的全部贡献看成设计方案编订的一部分，这跟对我的工作性质描述好像恰好相反。我的实际工作是协调搭配室内设计中使用的各种材料，确定包括室内建筑结构在内的各道工序完成的复杂度。最近，在参与芝加哥的一所新建大房子的建造过程中，我有幸跟里德巴赫和格雷厄姆建筑设计事务所（Liederbach and Graham Architects）的菲尔·里德巴赫（Phil Liederbach）共事。该所建筑的设计受到了20世纪20年代到40年代流行的古典主义风格建筑的影响。该设计不仅比例完美，而且运用建筑手段对于文化传统积淀深厚的当地历史进行了表现。当我和委托人进行沟通时，她却特别想在建筑中实现一些非常个人化的装修设计，这导致了对提出的既定设计的调整。图书室在这种规模的建筑里一般是采用木器的，这时原来提出的木器就被改成了高度抛光的孔雀绿色漆器。走廊的墙面板在图纸中是很精致的，这时被简化成普通的护墙板，以便手工粉刷浅灰蓝色的防水涂料。这些空间将被用来展示绘画。此外，一个较小客厅的桶形天花板块被改成了发光的光面琥珀色，而厨房的天棚则从采用金属线连接的橡木板结构改成在石灰粗打底的棚面上铺装微微发光的琉璃瓦。非常规样式的灯饰，既有传统特质又有别出心裁之处，被选用来跟非常时髦、但是跟房间极其搭调的壁炉台和公共空间设置相互呼应。

对页图：
古典主义风格的联排别墅（参见第179页）：图示为从二楼所见入口大厅。黑白大理石地板、鲜红地毯和定制枝形吊灯共同营造出一种精致的美，令人想起20世纪40年代的建筑。

——里德巴赫和格雷厄姆建筑设计事务所

A CLASSICAL TOWNHOUSE (see page 179): The entrance hall as seen from the second floor. The black-and-white marble floor, vivid red carpet, and custom designed chandelier all combine to create a sophisticated aesthetic, reminiscent of the 1940's.
S. R. Grambrell with Liederbach & Graham Architects

A CLASSICAL TOWNHOUSE (see page 179): The living room a medley of rich materials and color choices, including American walnut wall paneling, and a vaulted ceiling.
S. R. Grambrell with Liederbach & Graham Architects

平铺砖纹的筒形穹顶、石膏刷面的墙壁、超大尺寸的葡萄藤形铁艺吊灯，以及波普风格的印刷墙画，构成这个房间的主要特色。该设计是对能提供全面服务的传统型厨房设计的推陈出新。

项目的施工阶段是非常令人兴奋的，当最后完工时，建筑设计师和室内装潢师开始研究设计的诸个建筑环节是否跟屋内陈设的一系列从18世纪到21世纪的家具实现了天衣无缝地协调。室内所采用的色调搭配、表面装饰、木材涂装和纺织品协调了房屋的空间比例，使得房屋呈现出委托人并未设想到的风格。利用家具精心布置房屋，并且用各种陈设品强化色彩搭配和空间格局，营造出特定风格后，所有这一切仿佛有了自己的生命，最终，以那种好像已经在那里存在了不知多少世代的模样呈现在我们面前，好像只是刚刚稍作调整，又重新焕发了固有的生命活力。

所有施工完毕后，几个月来一直在这里承担建造设计任务的助理和工人消失了，好像与建筑融为了一体，只有一摞摞的图纸仍见证着他们的工作。他们在那些完美合作中所付出的努力，也许只有委托人才能充分了解。

对页图：
古典主义风格的联排别墅（参见第179页）：起居室内融合了丰富的材料和色调，其中包括胡桃木的护墙板和拱形天花板。

——里德巴赫和格雷厄姆建筑设计事务所

唐纳德·考夫曼在位于曼哈顿的工作室里调配颜色。
——唐纳德·考夫曼色彩设计工作室（Donald Kaufman Color）

色彩的搭配

唐纳德·考夫曼（Donald Kaufman）

我喜欢将建筑设计理解成通过绘制图纸将能量注入有生命的空间。通过特定的建筑造型，光会被捕获和调整为适应人类的感觉器官，用于强化我们的存在感。

几个世纪以来，建筑设计师们一直试图在探索如何用有灵性的照明填充建筑的物理空间。为了达到这个目标，他们设计建造了特殊的建筑物开口，以便光线能射入建筑物内部，并和建筑物内部的装修和陈设品发生良性互动——展现大理石和其他石材中的多彩粒子，映照出木制器具上的纹理，通过投射使得陶瓷器皿呈现出半透明的状态，照亮多彩涂料的富于变化的表面。

由于在这种过程中存在着的无限的反复折射是以色彩为编码的，所以呈现在我们眼睛中的视觉效果，不仅仅来源于物品的色调，还来源于人类学家迈克尔·陶西格（Michael Taussig）所谓的那种多功能的魔力物质。我们的眼睛通过强烈的对比捕捉到特定的效果，类似于人从温暖的灯塔中走进冰天雪地的寒冷黎明世界时的情况。

作为一个房屋油漆工，我过去始终采用直接从油漆桶中取出的标准色调的油漆，当然，根据环境的不同选择不同的油漆是不可避免的。渐渐的，我发现，我用调整颜色的方法在墙壁上创造的微微发光的表面在大自然中亦有类似的存在。旧金山的建筑设计师戴维·洛宾逊（David Robinson）第一个注意到油漆工人对于光线的调配能力，并借此实施了一个项目。

虽然我始终很欣赏团队协作所具有的潜力，但是直到最近我才意识到在塑造团队凝聚力方面，团队合作和交流有多重要。不同的颜色、特异的景象和表现手法、从色彩密集度不同的小物体转到大表面的视觉过渡困难，往往能激发出人们特定的强烈情感，我们发现，由于这个原因，那些决意要利用建筑达到特殊审美和功能特点的建筑设计师、平面设计师和委托人，往往不愿意接受其他人的意见。涉及到色彩问题，情况也是如此。

幸运的是，那些雇佣我们的建筑设计师开始变得愿意为了我们共同的成功进行一些更多的投资。大多数人都没有意识到在粉刷时应该使用合乎标准的油漆，他们使用的是自20世纪40年代以来一直流行的、为了降低成本而牺牲了很多色彩效果的产品。这种美学品质缺损的造成，是基于制造商的错误观念，他们认为不同的油品应该在耐久性、易于应用性，以及对底层物体颜色的更好遮蔽性等性能上进行竞争，而不是在更好的质量、更高的颜色表现力方面进行竞争。米黄色或者灰色，潮流或者复古，所有这些都被认为是具有（或缺乏）相同的风格和深度。因此，工业油漆的生产方法——用预先编程的分光光度计替代手工混合油漆——逐渐扼杀了油漆在改善建筑颜色方面的审美潜能。自20世纪50年代以来，许多小型油漆公司宣称他们的涂料"拥有比你需要呈现出的色彩所需要的更多的色素"。自由涂料公司（Liberty Paint Company）早已知道了怎样使油漆颜色更丰富的秘诀。

讽刺的是，标准化长期以来一直就是我们致力于经营的东西。它也是我们建筑学教育的催化剂，因为那些自以为对颜色有深刻理解的建筑设计师，确信我们这些油漆工在受过教育后就能理解他们的建筑逻辑，而且也知道如何用油漆执行他们形式主义的命令，彻底地帮他们实现自己的愿景。

我们与查尔斯·盖斯美（Charles Gwathmey）合作的第一个纽约公寓项目，开始于冷淡的问候和一个相当完美的有关明暗度与底层结构和表面关系的演讲。早在对红和绿之间的差别变得敏感之前，人类的视觉系统就已经进化出从黑暗中区分光亮的功能，这一基本常识成为我们设计任何其他风格项目的基础。

随着合作的不断展开，我的妻子和设计伙伴泰菲·达尔（Taffy Dahl）注意到客户经常以裁判的身份来提醒和指正我们。建筑设计师们要求我们解释颜色的选择和颜色在空间中布置是如何增强总体设计的协调性和优雅性的。很明显，除了颜色，实现色彩的整体统一性也是成功关键。我们解决这些问题的策略是问所有相关方一个问题。你想让你的房子展现出怎样的自我形象？这个问题来源于一件家庭轶事。我们有一个表亲，无论何时朋友跟他说要去参加聚会，他都会问人家要穿成什么样去。在客户表达出自己的个性化需求后，设计师也需要在选址、风格、预算，以及所有有关最终结果的关键因素方面，努力把客户独特的要求变成可量化的指标。

在这一领域工作，我们的挑战就是在解决现实问题时发现共同目标，而这个现实问题就是我们人类从不同角度看到的东西不同。人们既往的经验总是会影响我们对当下问题的看法。我们的眼睛不是能记录连续视频的摄影机，而是一个不断发送能量信号给大脑寻求解释的感受器，只不过在发送能量信号的过程中多少会有一些有意识或无意识的偏好。我们每一个人都依靠这些发送回来的信号去想象我们自己所见到的世界。

此外，在进化的过程中，我们的视觉已经习惯了以一定的模式感知世界的样貌，甚至对很少一点新信息的混合都有很强的排斥力。尽管这样，颜色还是能够让人产生视错觉。举例来说，光可以借助自然景观中最常见的景象之一——阴影在黑暗的空间中呈现出自己。在晴朗的日子，阳光和阴影呈现出最鲜明的反差。在一个阴暗的房间里，我们使用完全相同的原理分辨明暗度，我们的视觉会参照室外光线的亮度来判断室内的亮度。

每一个人都对房间的明暗度有自己的判断，这些判断都是在以室外亮度为参照的基础上做出来的，甚至是很少的一点漏进来的光亮。除此之外，颜色还能让人产生视觉幻象。颜色可以在合适的地方、合适的光线下，以及在合适的时刻，出现和消失。比起围坐在会议桌前讨论好几个小时所达成的共识，更高程度的认同可以在两分钟的眼神交流后取得。基于这种原理，我们在漆好房屋外面的各个角落，让瓦片、石材、窗户和玻璃紧密地连接在一起后，还会坐上一个叉车斗装置去高处，手持罗盘，观测来自各个方向的光线对我们在室内感受到的亮度造成的影响。室内的设计就不必如此精细。我们通常会朝一个地方丢小块的木头、瓦片和织物，用这种方法来确定油漆的色调。

"任何色调都能在大自然中找到,比如苔绿色、橘黄色、樱桃红。要是不借助某种在自然界中跟色调相关联的事物,要形容一种色调几乎是不可能的。颜色看起来就是某种植物、花卉和石头的灵魂。"

——唐纳德·考夫曼

为了方便选择和搭配色调,需要制备能盛装大量标准色调卡片的档案盒,以便随时方便地补充新的色彩卡片。

——唐纳德·考夫曼色彩设计工作室(Donald Kaufman Color)

在许多情况下，我们经常注意到近在咫尺的颜色，并被由此形成的视觉上的先见所操纵。一所漂亮的新建乔治亚式房屋对面新建的谷仓的颜色，在我们注意到它之前误导了所有人，因为它把观看者的目光引向了不远处垃圾桶完美的深绿色。这个有20英尺（6米）长的样品对案例中景象产生了微妙的影响。前述案例是我在参观菲利普·约翰孙（Phillip Johnsond）的视觉原理演示模型时看到的，该模型被展示于他的达蒙斯特画廊（Da Monsta gallery），谷仓上使用了典型的新英格兰谷仓红色和沥青黑色。在营造特定效果时，当其他的红色不达标时，乔·戴尔叟（Joe DyUrso）甚至用上了根斯伯格（Gainsburger）牌红色狗粮。罗斯·布莱克纳（Ross Bleckner）发现一种咖啡豆能用来染出完美的地板。类似的情况还可见诸于比尔·利伯曼（Bill Liberman）为当代绘画流派展览（Contemporary Wing）建造的乔治亚式建筑。

我们也确实注意到了特异的和倾斜的粉刷方向所造成的效果。彼得·艾森曼（Peter Eisenman）有一次描述过他如何想要为一座建筑物设计那种仿佛有着各种音调高低的色调。那一刻，在他跌宕起伏的仿佛有着节奏音律结构般的建筑结构面前，建筑被赋予了某种声音的意义。

悬而未决的问题是，如何界定光线的亮度标准。我们只有在确定了色调的不同亮度后，才能据此为其选择合理的搭配色。而且即使我们相信没有"坏"的色彩，但客户也有权要求他们喜欢的颜色深浅，然而个人色彩偏好有时会成为色彩搭配的阻碍。我们经常敦促各方放下自己的偏见，也给他们提供自己见解的空间。在没有多少自然光照射的深色的房间，人们倾向于在室内使用较暗的照明，而在刷成白色的房间里，大多数人最先想到的能够让室内看起来更亮堂的方法是增加灯光的亮度，结果房间内会显得格调阴郁，墙壁就好像没粉刷过一样。

通过分享在本书中提出古典主义规范和装饰原则，客户和设计者是否就能够更容易地就色彩问题达成共识？经典的范例可以提供一个有助于大家达成共识的认识基础，有时候它们确实起到了这个作用，然而在整合相关要素以达到人们需要的平衡的过程中，有时候它们也会对颜色的微调作用发生误导。虽然古典主义规范提供了定位、分层、照明度的准则，但是它们在所谓的整体结构表面的细节操作方面并没有提供详细阐述。我们的工作是在物体表面上进行，我们相信上色以及通过颜色影响外形所做的努力，不是在形式上，而是在颜色和饰面的微妙之处。

还有一种普遍的观点，相对于传统材料和建筑方式，新材料和建筑方式是灵感更丰富的来源。我们赞成借助设计师提供的任何奇特表达方式捕捉灵感，但是我们也应该记住在生活空间中出现的任何和谐景象基础上的微小增量，都有可能提升一个人日常生活或者改变整个社会群体。内在的色彩属于居民个人，外在的色彩则属于整个社区。

"当工匠获得可以自由发挥他们技艺的权力时,奇迹就会出现。当所有底层的看不见的石灰、底漆和涂料被看作跟面漆一样重要时,充满诗意的效果就会在粉刷的表面汇聚。"

——唐纳德·考夫曼

古典主义的正规和严谨使得工作像是在受虐,但是我们现在幸而也可以使用其他流行建筑流派的技法使得家庭的审美平衡不依赖于任何特定的先例。古典主义建筑曾经依赖大相径庭的色彩对比有效地实现其审美追求。致力于和谐的审美潮流没有被淹没,也没有浮出水面。在建筑上色调选择是不可避免的,一个粉刷过的房间的特色在很大程度上取决于有创意的配色方案。无论色彩被表达成什么样,光与颜料的互动都会给我们带来光明的能量——某种辐射流,并且成为空间造福人类生活的基础。

泰菲和我认为我们的工作是构想出颜色混合物,用一堆那些有0.2英尺(6毫米)色素的油和丙烯酸涂料,在它们喷涂的形式以及它们对光线的吸收和反射之间创造出诗意的平衡。我们努力用幽默、简洁和细心聆听的态度进行工作。我们曾经被要求为旧金山的体育场——烛台公园(Candlestick Park)重新设计一种颜色。在巨人摇滚乐队(the Giants)和四九人足球队(49ers)抗议在公园使用红色、橙色、黄色和紫色之后,公园管理部门就找到了我们。泰菲和我互相看了看对方,假装在思考,然后我们建议使用绿色。所有人都很高兴。

除非委托方有特殊要求只使用白色的底漆。就像透明的水彩一样,底漆放出隐约的光辉,穿过表层油漆,反射出白色的基质。

——唐纳德·考夫曼色彩设计工作室

The collaborative relationship between architect, decorator, and landscape designer is especially important in a tropical environment, where the line between inside and outside living sometimes become blurred.
Smith Architectural Group

一个建筑施工者的观点

约翰·罗杰斯（John Rogers）

在高质量住宅建设领域的经验让我懂得，应把每个项目都看成同等重要。我明白客户交到我手上的信任的价值，以及交到他们的设计团队的手上的信任的价值。公平地说，我们也一直在努力争取成功的结果。不用说，这意味着有大量的时间和精力被投入到每一个项目上。那么为什么一些项目会比其他的项目更加成功呢？

最终效果方面的差异不仅仅来源于缺乏经验或者缺乏资金，而往往是因为缺乏团队凝聚力、意志力。最重要的，是在设计团队成员之间缺乏合作精神。评价我们这些建筑施工者水平的高下，不仅仅要看我们是否提供了坚实的施工技能和服务，还要看我们跟所有相关合作伙伴的总体协调交往能力。同样的，合作精神也是我们公司和专业的基础。缺乏合作精神，即使有着积极进取的工作态度，要想成功地完成项目的施工，也往往将面临诸多挑战。

"合作"这个词经常被使用，但却甚少被实践。现在，合作这个词作为一个关键原则不断地在销售和营销材料中被提出，或者作为一条名言警句出现在报告中。然而，真正的合作关系在现实中非常少，因为分享和共享通常并不会在设计师中自发地发生。没有一个设计师——建筑设计师或者室内装潢师——能够控制一个项目的所有部分并且取得成功。事实上，大多数的建筑设计师、室内设计师和装修师、景观设计师、工程师和咨询顾问都只注重实现他们的个人目标。真正的合作要求各方共同分享知识和信息，通过交流和共同工作来发展一致性，来实现超越客户期望的共同目标，并把他们梦想中的家交付给他们。在许多情况下，建筑施工者不参与到项目初始决策制定和设计开发阶段，并且被留下来解释、执行和协调他们根本没有参与其中的决策。客户通常先与建筑设计师进行交流，然后建筑设计师与工程和设计顾问一起协作开发设计程序文件，来呈现出客户的愿望。在提交一个成功的项目时，建筑设计师承担着领导角色，并且与建筑委托方进行交流和签订协议，所有这些都是至关重要的。这种交流——在早期的设计阶段和之后的建设中——会影响效率，因为双方都会根据自己的专业知识给出不同的观点。建筑设计师通过准备建筑文件和项目规范来传达对项目的愿景，而这些文件和规范使得建筑施工者在建筑中清楚地解释和执行建筑设计师的目

对页图：
在热带地区进行工程项目时，建筑设计师、室内装潢师和景观设计师的合作关系尤其重要，在那种地方，室内外的光线有时往往模糊不清。
——史密斯建筑集团（Smith Architectural Group）

标。建设施工者通过构建所设想的方案向建筑设计师传达实现最终目标的方式和方法，因为这关系到成本和实现这一愿景的最可行的方法。双方之间的成功对话通常会导致一个设计元素被修正，以提供一个更好的整体解决方案或者节约成本。

理想的交流、协调和合作应该在早期的设计过程中就开始——肯定是要先于破土动工之前——因为一旦开始施工，如果仍旧出现许多需要改变的地方，将会导致更高的成本、协调问题、更长的施工时间，并且包括负面地影响房屋质量。所有参与方越早共同参与并达成意见一致越好，在施工过程中出现不必要变动的可能也越小。一旦开始建设施工，为了执行设计团队的愿景，建设施工者就会承担领导角色，并且会继续与客户、建筑设计师和其他人员沟通。通常情况下，这些建筑设计师以外的其他设计人员只承担工程局部的工作，那就是说，在他们提出对设计的改变之前，他们自己和建筑设计师很少交流，而与建设委托者交流甚至更少或者完全没有交流。在典型的设计—招标—施工过程中，建筑设计师很少有时间去解决所有在发展阶段可能因设计而出现的施工问题。同样的，大多数参与到这一个过程中的建设施工者也没有时间去解决问题，因此他们实际上承担了超过其投标范围的工作和增加了额外的成本。在这种情况下，建筑设计师和建设施工者有不同的目标，一个关注审美和功能，另一个关注成本、可构造性以及时间进度。

就是这些无效率、不信任、附加成本和进一步的无效沟通在这一过程中给客户留下了不愉快的体验和潜在的不利结果。

那么，我们如何用合作来改善建设施工者和设计团队的关系，并提高他们的业绩呢？而且，更重要的是，合作如何使得业主受益呢？最好的房屋是靠建筑设计师、业主、咨询顾问和建设施工者之间的不断交流来实现的。所以，我们必须把这段话记在心中：

成功和现实合作奠基于建筑设计师所构建的设计团队，在设计团队中应有多样化的知识和经验去充实每个成员自身。创造团队环境是非常重要的，在这个环境中，为了实现团结协作的目标，应鼓励开放的合作精神。

整个团队（建筑设计师、室内装饰设计师、咨询人员和建筑商）及早参与项目，有助于成员之间更好的理解和欣赏彼此在项目中的角色。对目标和所期望结果的清楚沟通有助于清楚地明确彼此的角色。创造一个尊重和坦诚沟通的环境还能发展同伴之间的友谊和亲密关系。

必须在团队中达成一个共识，所有成员致力于同一目标，按时交出一个预算内的成功项目，还要超出客户的期望。这种策略容易造成成员间的彼此熟悉，有益于这个项目以及一段时间后未来项目的进行。

受益于外来文化的本土化趋势,这所房屋融汇了盎格鲁、法兰西和西班牙的建筑文化元素,而且风格看起来已经过长时间的发展,变得非常成熟。

——肯·塔特建筑设计事务所

这条凉廊对着一片植物苍翠繁茂的花园和一个游泳池,被划分成多个不同的区域,可供餐饮和娱乐之用。
——史密斯建筑集团

This loggia, overlooking the lush gardens and swimming pool, is divided into different areas that allow for outside dining and entertaining.
Smith Architectural Group

当出现挑战时，大家不能互相指责。相反，每个人要拿出各不相同的知识和专长来创建解决方案，保持项目操作的良好势头。项目过程中工匠和手工艺人的及早介入也是非常重要的。他们能提供独特的观点。这些观点在让最终结果更加漂亮、更加高效方面往往贡献显著。

在建筑行业这个极为专业的领域，建筑者的声誉是一个重要因素。对于建筑商而言，努力与咨询人员、工程师以及工匠建立良好的工作关系很重要。计划、交流和实施是一首好的咒语，适用于客户、设计者和建筑商所有人，大家都承受不起因协调不佳而造成的成本浪费和精力崩溃。作为一个最优质的建筑商，我的目标是一直要超出客户的期望，尽可能为他们提供一种能显示出建筑团队的团结一致的服务。第一条规则是建立一个这样的环境，投入可以自由共享，在友好愉快的工作氛围下保持一定的坦诚。这使全体成员在向前推进解决方案时，不会觉得个别团队成员有着脱离于共同目标的目的。项目公开化是最具效率的，因为房屋所有者可凭意愿或多或少地参与整个过程。和设计团队一起工作，房主入住时，交付给客户的将不是一个建筑展示作品而是一个充满温暖的家。以真诚的协同努力诚心诚意地服务客户，建筑商不只建造了房屋，还跟所有团队成员建立起友谊。这将为未来创造额外的机遇，项目交付以后大家依然能保持伙伴关系。

上图：
这是为佛罗里达州一所盎格鲁 - 加勒比海风格建筑所制作的效果图。建筑的后立面为杰斐逊式的双柱廊所主导，提供了朝向大西洋的开阔视野，继承了棕榈海滩地带崇尚宏大建筑的传统。

围绕着院落出口的玉兰和重复的圆形灌木丛相互掩映，营造出巧妙的效果。
——道尔·赫尔曼设计事务所（Doyle Herman Design Associates）

Magnolia and the repetition of rounded boxwoods create a subtle boarder around an entrance court.
Doyle Herman Design Associates

生活和建筑的融合者

詹姆士·道尔（James Doyle）凯瑟琳·赫尔曼（Kathryn Herman）

协作有多种方式，作为商业伙伴，我们的协作关系已经走过了不止15个年头。我们对和艺术相关的园艺学、建筑学、艺术史、园艺史有着共同的兴趣。我们在共同经营的项目中扬长避短，共生共栖。在园艺上，我们有着共同的浪漫情怀。我们共同创立的事业正随我们一起成长。多年后，我们依旧在为共同的目标奋斗，致力于利用多种元素呈现建筑的艺术性。

在项目运作过程中，一定要把跟客户建立良好的关系这个问题放在首位。是客户用他们不管是具体还是模糊的要求在引领着我们，而我们则扮演着教育者与编辑的角色。我们期待着能交付给客户让他们可心的作品，不管他们的要求是具体还是模糊，最终都会变成我们的作品的一部分，而这些作品将跟我们自身一起变得愈加完善。几年后，我们参与建造的建筑就会与它周围的风景融合在一起，呈现于我们眼前。

我们的客户还会把我们引荐给他们选择的建筑设计师与室内设计师们，至此，协作就成了项目流程中至关重要的部分。协作关系不仅存在于所有利益相关方之间，对我们来讲，也存在于我们与自然之间。植物——我们的基本材料之一——会经历多年的成长，在大自然这位教育者和编辑家的呵护下，可能会枝繁叶茂，也可能会枯萎死亡。不管怎么样，我们都要交付给客户可心的作品，以及精心打造的景观。我们要我们的客户记住，有时，我们完成的作品看起来还是原样，但它一年一年地会有变化，会有喜悦。

我们和苗圃的花农密切合作，他们种下一棵植物时，就能预见到植物几年后的样子，我们就按照他们对植物的想象来设计景观。有时那些预见只是花农真切的信念，但在我们与他们发展起了关系后，我们还是拿他们的植物派了各自的用场。我们的项目也让我们有幸与其他专业人士合作，如生态学家、结构与土木工程师、测量员、承包商。没有与他们的合作关系，我们的项目就不会取得成功。

一个真正成功的项目就是很棒的建筑、美丽的内装以及引人入胜的景观的融合，我们愿意把这种关系比作一个凳子——三条腿缺一不可，不然它只能倒地。

正如室内装修和家电配置一样，花园布置也能体现个人的品味。而且花园布置也不仅仅是室外装修，因为它还涉及到生活环境的部分。作为设计者，我们直接与地球环境本身打交道。我们从各种风景与建筑作品中汲取灵感，然后把自己对这些景观的理解，演绎到客户的现代生活环境中。我们的设计把建筑物的内外融合起来。我们把水的元素、火的元素及园艺分布到户外平台、院子及建筑物的纵向景观上，使建筑物内外交融。为了让合作者（客户、建筑师、装潢师）满意，我们努力在景物布置层面上、在视觉层面上实现设计的整体统一。我们竭力在建筑物中营造家的气氛，为此我们可能会做一个突出门廊的设计，或者我们受拱廊的启示，用植物创造出拱顶与柱子的效果。而在选择绿化带颜色或选择景观布置风格——到底应该是随意轻松还是有规有矩时，我们会受到室内装饰的影响。室内装饰还决定了户外装修软装方面的选择。在住宅设计中，建筑设计师、景观设计师及室内设计师通力合作就能创造出符合共同愿景的作品来。

伴随本文一起展示的项目景象是对信任与信念的描画，是美妙合作的典范，有赖于牵涉于这一项目的各元素间的流畅交流。自从建筑设计师把我们的公司推荐给客户，我们便一起开始了这个收获颇丰的项目。

我们合作的另一个景观项目获得了帕拉第奥奖（Palladio Award）。这个项目是一处新建住宅，里面保留着一些高大的树木：一棵栗树、一棵垂枝山毛榉，还有一棵木兰。这些树木给这所新房子定下了一个基调。景观的各个面要依照这个基调来设计，但又要与这些树的景观有所差别。客户要求我们跟建筑公司加强协作，确保最终呈现一个和谐的景观。我们的整体设计源自于这所房屋的布局与朝向，以及这些神圣的标志性植物。有时候最好的景观元素就是建筑的不起眼部分。这个理念始终贯穿于我们所有的项目设计中。可能就是一棵小小的富贵草，加上一棵黄杨木就点缀了一所房子。可能就是因为我们添置的树木，它们直立在房屋周围，使房子显得更稳重气派。如果园子里边停车处镶嵌着青石，这个小小的细节都可能会突出主建筑。

我们的纵向景观带设计有时候在房前开始，贯穿整个房子，然后在花园深处终止。景点落实与调试是我们项目流程的重要部分，在这些花园深处的终点，我们有机会与艺术家们以及他们的艺术作品合作。比如，此处有一个夺目的抛光不锈钢雕塑，这是戴维·哈伯（David Harber）的作品，正是这个雕塑在这个传统风格的设计项目中注入了一丝现代感觉。

在过去的项目中，我们一直期望能在需要推倒重建的地方，做一些旧物利用。比如，我们曾留下老屋的大石板，让它做了草坪踏道上的踏板，而这个踏道的两边是绵延茂密的黄杨树林，这条黄杨树绿化带又一路变窄通向一个池塘。这样用心地在景观中营造透视效果，给这处房屋增加了一种深邃的感觉。通过旧物，留下一些对老房的纪念也给人们留下一点满足感。

在项目操作过程中，我们体会到了协作给我们带来的好处。每位参与者都给项目带来了不同的东西。精深的技术、专门的知识与学问，这些都是极有价值的资源——我们只需要带着一颗开放的心去聆听。❖

对页图：
从房屋的正面望出去，视线经过花园和游泳池，终止于戴维·哈伯创作的不锈钢现代主义风格雕塑。

——道尔和赫尔曼设计事务所（Doyle Herman Design Associates）

A modern sculpture of polished stainless steel by David Harber terminates the long axial view from the house, through the gardens, to the swimming pool.
Doyle Herman Design Associates

HARMONY FARM: The architecture and the gardens are successfully woven together, by constructing a series of stone retaining walls that shape the natural sloping land into flat usable garden parterres, each accessed and overlooked from a different room in the house.
Hamady Architects with Doyle Herman Design Associates

山庄之旅

卡里·哈马迪（Kahlil Hamady）

建筑的实践需要对多学科有一个深刻的理解，这对空间再现和理解空间之间的关系是很有必要的。在古典建筑和传统建筑的历史中，那些有这样自觉意识的实践者已经在这方面给我们提供了丰富的例子。造访波士顿艺术博物馆（The Museum of Fine Arts in Boston）的参观者无不为建筑物穹顶上约翰·辛格·萨金特（John Singer Sargent）的绘画所震撼。这个案例反映了建筑的一个特点——建筑总是欢迎并保护绘画和雕塑。与此相类似，如果没有同时代建筑、绘画、雕塑、景观、家居设计、音乐、神话和文学等学科的共存，以及它们之间的相互影响，文艺复兴建筑是不可能繁荣和兴盛起来的。米开朗基罗（Michelangelo）、贝尔尼尼（Bernini）和达·芬奇（Da Vinci）——我仅以这几个人为例——都能够自由地跨越上述不同领域的界限，从一个领域汲取经验，再把经验应用到其他领域。古典主义文化并不只是把这类尝试当成一种独特的创作方式的一部分，而是把它们当做存在于这个世界，并感受和思考这个世界以及世界的运作方式的普遍模式。

在他的第一本书《建筑十书》（De Architectura）的第一章，罗马建筑师维特鲁威（Vitruvius）描述了学习和实践建筑的十二个必须要学习的领域，包括：天文学、写作、绘图、几何、光学、算数、历史、哲学、物理学、音乐、法律和医学。虽然对当代人来说，认为阿尔伯蒂（Alberti）把光学、算数、历史、哲学和建筑的内容一起放在他的建筑学著作《阿尔伯蒂建筑十书》（De Re Aedificatoria）的同一章很奇怪，但保持古典主义者精神仍坚持认为，贯穿于这些学科所应用领域的通用知识和永恒原则与规范的存在，决定这些学科的内在相互依托关系。在这种思想文化结构中，时间和空间方面的共通性尤其显得更有凝聚力。

今天，这种系统观念似乎已经被遗忘，并被另一种思潮所替代。各个学科被分割成分离的和互相没有联系的单元是多种因素作用的结果：对科学和教育专业化的强调；对一个人幸福状态的经验主义的、孤立的和本质主义的测度方式（采用身体的或经济的、个人或集体的对立二分法）；时间的碎块化分割；教育、实践以及建筑学地位的弱化；学科精神的贬值以及对技术快速进步的共同关注。这些因素的累积结果就是空间经验的分裂，并且对把空间当成综合整体的观念产生了干扰。人类的理解、体验，以及再造连贯和凝聚的空间的能力已经大大减弱，即使是对那些在这些相关领域有实践经验的人来说，也是如此。

对页图：
和谐农场：通过建造一系列石墙，建筑物和花园被成功地融合在一起。借助这些有着保持水土功能的石墙，天然的斜坡地被改造成可以利用的花坛，从房子的每间房屋里都可以眺望到一片花坛。
　　——哈马迪建筑设计事务所（Hamady Architects）与道尔和赫尔曼设计事务所

然而，当历史提醒我们记起那些穿越时间、经久不衰的重要和不朽的知识时，以及当历史为我们提供了一个文化发展进化的记录，供我们去观察它们的过去和将来，并将这作为一种纠正它们发展道路的方式和手段时，历史又体现出了她的智慧。当我们回想起托马斯·杰斐逊（Thomas Jefferson）对于包括建筑学在内的多个学科的兴趣和贡献时，我们触及到了我们最近的历史、文学和伊迪斯·沃顿（Edith Wharton）的建筑学作品，以及对这些相互交织在一起的学科的特点的完整表述。

在她创造这座位于山巅的圣庙之前，沃顿首先研究了建筑师奥格顿·寇德曼二世（Ogden Codman, Jr.）于1897年出版的《房屋装饰》（The Decoration of Houses），书的主题是建筑与室内设计。她在对文化史有意识的书写方面的贡献，先于她在1902年对视觉创造的贡献。历史表明，不朽的空间作品，需要有目的的意图，这种意图是通过视觉或者文学叙述来实现的。纪念性的房屋、寺庙和城市缘起于某些有意义的思想，其建立以特定原则和价值观为基础，是先用文字和绘画来展现，再用石头和木材使其具有永恒性的。建造罗马城的想法，来自于跟罗马城有关的埃涅阿斯（Aeneas）、罗穆卢斯（Romulus）和雷穆斯（Remus）的传奇故事，最初是诗人维吉尔（Virgil）为奥古斯都皇帝（Emperor Augustus）所整理，同时源于其本人在一种岁月轮回中所体验到的户内外空间经验。罗马城的外部形态体验是由神话、诗歌、文学和艺术等内在叙述来构成的。

沃顿的第一本书确立了她的文学地位，让她变得举国闻名。当她建立起学术权威，用作品讲述过建筑主题和室内设计的理性关系，以及统治者二者的秩序和原则后，她大胆进入了涉及建筑、室内、花园和自然景观的视觉创作中。各种元素在她所居住的山庄相互交织的意义，在于让人想起古人有目的的空间作品创造方式。她的作品最有意义和深远影响的方面在于，通过这些主题隐含的文学创作，她创造出了对空间的完整视觉、情感和精神体验。

沃顿的成功是基于浓厚的兴趣和对人类状况的了解，这帮助她创造了可以被直观理解的永恒的文学和视觉作品。在人类习惯的这种秩序里边，人类倾向于始终相信一个故事的说法或读一本书，吃一种饭菜或看一出戏，听一首音乐作品或者简单地跟着太阳走，线性和并行的线索与事件都有一个开始和过程。在山庄里，沃顿的作品从门楼开始，当参观者在马萨诸塞州西部伯克郡（Berkshires）平缓的丘陵上向前展望时，就能眺望到远处的门楼。

沃顿在大自然中寻求庇护，远离在19世纪晚期吞没了纽波特（Newport）的扭曲的物质世界。即使是在那些日子里，人们仍然想要逃离人口密集的中心城镇，远离城市的喧嚣，从自然中汲取精神食粮。一旦越过公共道路的边界和门楼的门槛，人们通过微微弯曲的车道——文明的唯一标志，便可以昂然走进魔法森林里的避难所，

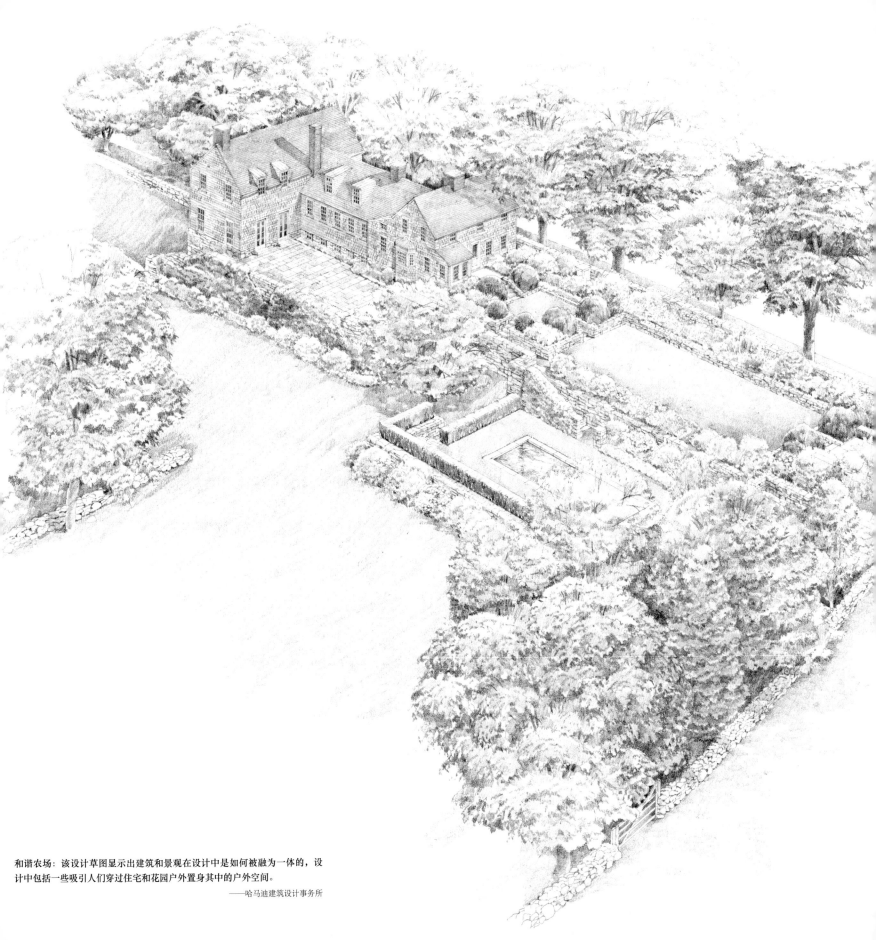

和谐农场: 该设计草图显示出建筑和景观在设计中是如何被融为一体的,设计中包括一些吸引人们穿过住宅和花园户置身其中的户外空间。

——哈马迪建筑设计事务所

沉溺于自然环境的不确定性中。经过的一条小溪，参观者的目光会在无意中被一个地方所吸引，由此开启一段充满文学和诗情的旅程。

哪些人可以进入"内殿"，需要经过工作人员的筛选。游客从黑暗的北面一侧走近房子，会看到两个拱卫前院的门柱及房子中央部分。进入"内殿"后游客将会发现，房子是嵌在坚硬的岩石中的，景观延伸穿过庭院的墙壁，围绕着刚刚到达的旅客们。由于这些建筑突兀的垂直度在新英格兰地区的森林中是不常见的，人们很容易觉得它们类似于寺庙。建筑中隐含这样的意蕴：人们逃离地狱，来到寺庙这个神圣之地，在这里获得新生，并通过一条垂直的道路到达上面的天国。升天的概念通过建筑的比例和构成体现在每一个建筑面上。这个地方能够立刻让人想起埃勒夫西斯的秘密仪式（Eleusinian mysteries）和珀尔塞福涅（Persephone）的季节性循环重生意象。

接着，参观者通过一个黑暗的拱形门厅进入房屋，墙壁上刷过石灰，让人们产生置身石窟的错觉，并满足了将景观延伸到室内空间的需求。在这里，沃顿设计让游客们在石凳上等候，直到他们被认为适合通过，才可以从该地下空间离开。在经过门厅最后的通道时，游客们将进入一个自然并且明亮的垂直空间。在这个空间内出现了通向二层以上的楼梯间，空间的古典三角造型象征了尘世的存在状态。在升天仪式暂停的时刻，水平画廊将访问者吸引到拥挤的人群中，在所走过的地方一起欣赏令人回味无穷的艺术品。这一高雅的空间在参观者们经历过刚刚在前院的所见后，给其一个放松的机会。到了对面，每个人通过拱形通道进入客厅之后，都要经历新一轮惊喜，即当他们经过精心装饰的很能吸引游客眼球的天花板时。到达朝南的露台之后才达到了这次游行的高潮，这里可以领略更为正规的前台花园全景以及超越自然景观的景色。在这一刻，一切都仿佛得以重生。

房子的中轴线恰好垂直贯穿整个景观。对于沃顿而言，花园是介于房子和自然之间的王国，半天然半人工，自然作为原材料只是构成前者的元素。然而花园和房子的成分是有所区别的，花园仍然是外部自然空间，而房子与内部空间和建筑总体的关系虽然被以同样原则所决定，但总体的规划控制着一切。室内外的布置均为经典样式，尽管时间、空间、文化不断变化，经典却永远不会让人失望。虽然山的选址是根据维特鲁威的理论，但是房子的摆设却参考了柏拉图的有关光的神话的建议。升天意象令人想起西方神话和古典建筑设计中反复出现的主题。展示这一主题的典型案例如前述珀尔塞福涅的循环再生和厄里克托尼俄斯（Erichthonius）的独特诞生，可以追溯到当雅典娜（Athena）从盖亚（Gaia）手中接过雅典的统治权时代。在山庄的文学和视觉结构中，沃顿运用到了所有的学科知识——自然、景观、园林设计、建筑及室内设计等——通过对为她带来灵感的永恒神话的视觉再现为我们提供一种深刻的心灵体验。

在我最近完成的一个项目中有个遵循山庄的模式的现代例子，那就是位于康涅狄格州格林威治市的和谐农场（Harmony Farm）。农场坐落在康涅狄格州南部的一条古老的小道边缘，原来的最初建造于18世纪的农庄属于新英格兰乡土建筑的遗迹。该项目系我们和道尔·赫尔曼设计事务所的合作项目，从总体规划设计一开始，基于保存18世纪的农庄建筑并将其改造得兼具实用性和审美性的考虑，室内外的空间即被设计为有机地融合为一体。从入口到从前院，到露台、花园，再到远处的景观，我们对空间的组合顺序安排进行了仔细的检查。在没有缺失预期体验的情况下，建筑、内部装修和花园是不能分开考虑的。没有花园的房子会显得孤立，没有房子的花园将失去它们的目的，没有这两者，室内看起来是毫无意义的。由于在设计建造中明智而审慎地使用秩序、对称、和谐、得体和经济的普遍组合规则，房子和花园在宇宙中共同创造了一个温馨角落，使人置身其中时能产生丰富的体验，安全地想象此一世界之外的景象。

在山庄建筑期间，沃顿书写了一些重要的著作，如《欢乐之家》（The House of Mirth）以及《意式花园及庭院》（Italian Gardens and Their Villas）。沃顿一生中出版了40本书，被提名过诺贝尔奖，是第一位获得了普利策文学奖（Pulitzer Award in Literature）的女性，并在1923年获得耶鲁大学荣誉学位。更重要的是，由于山庄的保存，我们在这里继承了一个经得起时间考验的建筑设计典型，设计师、客户和建筑爱好者在建造属于我们自己的空间时，可以以此作为参考和借鉴的标准参照物。

第72页：
和谐农场：通过采用大小适当和结构纯粹的建筑元素，新建筑将空间和细节稳妥而谨慎地结合在一起。入口处花坛由较低矮的砌石墙围成，墙内的树木形成稀疏而有组织的空中树篱。
——哈马迪建筑设计事务所与道尔和赫尔曼设计事务所

对页图：
和谐农场：从设计的开始，建筑设计师卡里·哈马迪就专注于把建筑结构、建筑内部设施和外部景观作为相关联的共时性因素进行研究。图中显示的是从房子内部所眺望到的阶梯式的法式花园和远处的田园风光。
——哈马迪建筑设计事务所与道尔和赫尔曼设计事务所

在爱尔兰基尔代尔郡卡斯尔敦某处,法兰西斯·特里和来自洛克和莱利有限公司(Locker and Riley)的粉刷工一起制造拉兰奇尼式灰泥制品的模型。
——昆兰和法兰西斯·特里建筑设计事务所(Quinlan & Francis Terry Architects)

和气生财

法兰西斯·特里（Francis Terry）

有一次，我偶然间遇见了一群建筑设计师，他们认为自己总是或者经常掌控着他们建筑的方方面面。这些人并非天真无知，也不是满嘴谎话。他们回忆起一段建筑设计师能够像医生或律师一样受到重视并且获得不错收入的黄金年代。但他们未能抓住建筑和简单的生活的本质。窍门就是合作，这是否会让你觉得感觉好些，也无需再苦苦支撑？让别人来完成令你抓狂的那部分，将自己解放出来投入到设计中，而不用担心会有什么阻碍你做合理的建筑学专业上的判断。

英国皇家建筑设计师协会（RIBA）和建筑媒体常常哀叹建筑师的角色不可避免地受到侵蚀。项目经理、策划顾问和承包商都分担了一些他们作为建筑设计师的传统职责。这是建筑业朝着更加深入的专业化的分工发展的一部分。18世纪哲学家和经济学家亚当·斯密（Adam Smith）关于劳动分工的理论最后落在了架构和专业上，那些建筑设计师的哀叹，就像传说中的克努特国王（King Canute）一样，试图去阻止不可避免的潮流。和大多数的同龄人不同，我喜欢这种情况。我没有参与到建筑管理合同体系中，填写计划表格或是负责防潮工作，对于这些我只知道些皮毛。我在建筑中设计建筑，如果有人想要把更普通却十分必要的配套工作从我身边推开，我会说"来吧"。

合作有很多种：和客户、专家、工匠，还有同事。当你想到金字塔、万神殿或凡尔赛宫这样真正伟大的建筑时，可能没想到，建筑师的名字几乎与他们伟大的爱国情怀毫无联系。而法老、哈德良皇帝（Emperor Hadrian）和路易十四（Louis XIV）则被看作这些杰出建筑作品背后的驱动力。克里斯托弗·雷恩爵士（Sir Christopher Wren）设计了伦敦的圣保罗大教堂并不是故事的全部。经典的圆顶大教堂这一想法在英式建筑中并没有先例，一定是国王查尔斯二世（King Charles II）的智慧结晶，因为他曾在流亡法国期间见过类似的建筑。同样地，建筑的细节可能是在征得了雷恩的同意下由石匠大师设计的。为数不多的大教堂的施工图纸很珍贵，其中出自雷恩之手的非常少。例如，大教堂的科林斯式柱头雕塑在任何标准下看来都是最美丽的。这更多地归功于雕塑家遵循了格瑞德林·吉本斯（Grindling Gibbons）的传统而非雷恩的。雷恩是位数学家和天文学家，没有什么实际的雕塑或建筑装饰经验。毫无疑问，这是我的客户经验使我明白了这一切。客户的诉求无论好坏，都是项目各方面背后的驱动力。曾经有一个客户用他的完美主义和善于观察细节的眼睛教育了我，并改变了我的设计。有时客户可能并不想听我的，于是我会停止设计一些我知道可能会更好的东西，因为让客户满意是每一个项目的目标。

一个成功的项目要依靠一群设计师通力合作才能确保达到最好的结果。在我写这篇文章的时候，我正在和一个团结一致的专业团队一起建造一间房子。我和花园的设计师、房屋内部设计师一起坐在桌旁修改完善我们的计划，这样我们就可以从各方面完善我们的设计。

一定程度的独处被大家认为是必要的，这样每个专家都可以尽他们最大的能力去工作。一个运行良好的合作团队就像是一支乐队，每个人都做好自己的本职工作，从而为他人留下空间来履行自己的职责。我最近有一个客户想要一个有着古典的外观和现代化内饰的建筑。为此，我和一位搞当代建筑风格的建筑设计的设计师合作，我们事先确立了彼此的职权范围，因此一切进行得很顺利。对我来说另一种工作方式是强制客户必须违反自己的意愿，接受古典的室内设计或尝试让我自己来设计现代风格的内部装饰。这两种情况都不会有好结果。对建筑设计师来说，与建造商合作是必须的。如果建筑设计师落入一个陷阱中，认为建造商所做的一切都应在自己的掌控之下，他将很快处在水深火热中。建筑设计师完成一个好的建筑的方法是只坚持自己认为重要的，让建设商做他的那一部分，而不被建筑设计师的不成熟的想法阻碍。随着建设合同的增加，建造商往往可以设计工作内容并对其负责。这种工作方式让许多建筑设计师愤愤不平，因为他们认为这是钉在他们神圣职业棺材上的又一个钉子。

以防潮问题为例，建造商已经被赋予了越来越大的职权范围。按照传统，建筑设计师将绘制出有关防潮方案的图纸，其中包括各种材料连接处容易产生危险的轴侧草图。将这些因素细化的绘图员可能从未见过防潮膜，也就不知道他所画的这些细节接下来的真实情况。在这种情况下，建造商对设计的有效性就不会有信心。他的态度会是："建筑设计师先生将这一切细化了，我知道这行不通，但我在意的是这是他的错，而不是我的。"对于建造商来说，一个更好的情况是由他们负责设计和安装防潮设施。这将激励他用自己所选择的材料做最好的工作。建筑设计师需要看到防潮施工的实际情况并且知道它是有效的，仅此而已。

就像和建造商相处一样，和工匠进行成功合作时，你需要知道什么该画，什么不该画。例如，当我们在绘制等比例的古典装饰图时，我们通常根据实物制作的材料来调整细节。举例来说，如果是采用浇铸法，我们需要考虑如何能移除模具；如果是雕刻，我们会设想石匠怎样才能把他的凿子伸到凹槽里。最近我发现，这种工作方法并不好，合作又一次成为了问题的关键。更合理的做法是，将你想要的准确形式设计出来，然后和工匠见面讨论怎样才能实现工艺要求。如果你的细节是不可能完成的，那就妥协，而不是在事到临头时修改。不过，跟我们担心的相反，你会发现一些你认为很难制作的部分其实很简单。

对页图：
摄政公园（Regents Park）汉诺威旅馆（Hanover Lodge）的爱奥尼亚式柱头，灵感来自雅典伊瑞克提翁神殿（the Erechtheion）。柱颈装饰了程式化的花状平纹，这使得这种柱子有别于其他的希腊式柱头。

——昆兰和法兰西斯·特里建筑设计事务所（Quinlan & Francis Terry Architects）

A detail of the Ionic capital at Hanover Lodge in Regents Park, London, inspired by the Erechtheion in Athens (421-405 BC). The neck of column is decorated with a stylized anthemion, which differentiates it from all other Greek capitals.
Quinlan & Francis Terry Architects

汉诺威旅馆的入口立面装饰着与建筑物等高的柱廊，这使人想起卡尔·弗雷德里奇·申克尔（Karl Friedrich Schinkel）在柏林设计的新古典主义建筑。
——昆兰和法兰西斯·特里建筑设计事务所

和工匠的良好合作是从事建筑工作的一大乐趣。最近，我为在爱尔兰的一个客户设计了一个顶棚，他想要一个有18世纪曾在爱尔兰工作的拉弗兰基尼兄弟（Lafranchini brothers）风格的洛可可式设计。为了做到这一点，我拜访了一些模型制作者，也亲眼看到了一些拉弗兰基尼的作品。我们得到了许可，把工具和粘土带到拉弗兰基尼的房子中，在那里复制他的作品。我和工匠一起花了些时间制作模型，这让我更深入地了解了拉弗兰基尼兄弟的工作，也知道了当检查新的顶棚时应该注意哪些问题。毫无疑问，这是一段非常愉快的经历，对最终作品的质量也产生了巨大影响。同事对于设计过程也有很多贡献。一些建筑师觉得有必要独立进行设计。他们关上门画图。这种工作方法存在的问题是，很快你将会见树不见林。最终你会取悦自己，但并没有真的设计出一个好的建筑作品。好的设计需要对所有的批评给出一个合理的回应。它应采用任何人的想法，尤其是那些非专业人士，因为他们的观点往往比那些直接参与者的更好。这在很大程度上就是我设计时采用的方法。我欢迎人们提出意见。有些观点值得一听，另一些则没有必要，但我看重的是互动和对我预想的挑战。

在成长的过程中，我在想要成为一名艺术家和建筑师之间摇摆不定，这是许多艺术类毕业生都会面临的两难选择。在完成我的建筑资质认证并在办公室里工作了一段时间后，我决定将自己完全奉献给绘画事业。三年后，我放弃了绘画，重回建筑业。这样做的真正原因是心里想要合作的本能。在这段当画家的人生插曲之前，我曾注意到一些在超市里工作的人，态度非常傲慢，我当时很为他们感到难过。我认为，他们应从单调的为了支付租金而工作的现实中解脱出来，全身心地投入到对艺术的追求中去。也许是写一本小说或任何让他们高兴的事。当我发现自己在追求一种艺术家的生活过程中正在变得越来越孤单时，我再次注意到那些人，而且心里挺嫉妒他们。他们有目标，并且他们是集体不可缺少的一分子，工作时他们可以快乐地和同龄人开玩笑，或是分享他们的故事。他们过的是那种孤单奋斗的艺术家们只能梦想的生活方式。我需要建立起跟生活的联系。我肯定文艺复兴时期的艺术家在完成他们的壁画时也曾做过相似的融入社群的努力，但现代艺术家则是非常独立的。我错过了办公室的戏谑，与客户和建设业同行们的讨论。我错过了截止期限和感受更宏大东西的机会。总之，我错过了一件艺术品的合作，这个作品对我来说太大了，根本无法靠自己独立完成。

绘画无疑是最高级也是能表达最多内容的艺术形式之一，但它很小也很个人化，维梅尔（Vermeer）无疑是伟大的，他所有留存的作品都可以轻易地被存储进一个普通的数据存储器里。但是，建筑则是在一块更大的画布上作画，这需要许多不同技能的人予以操作执行，这是在本质上也是建筑的乐趣所在。

Fully versed in historic precedent, and working from design sketches and charcoal renderings, artisans use time honored techniques to sculpt and cast some of the finest plaster ornamentation available.
Foster Reeve & Associates

粉刷工匠

福斯特·里夫（Foster Reeve）

对于粉刷工值得庆幸的是，在一些重大项目的建筑和室内设计方面，他们能够进行更加高效的合作。这个联盟完全以粉刷能带来的益处为核心。无论是高贵的装饰物还是一些现代的设计领域，也包括那些在施工阶段得不到充分处理的有色铸件和装饰的领域，都是粉刷工的工作对象。在粉刷那些对象时，石膏有着无数种的使用方式。同样地，这些领域也正是需要精确的开发、设计、预算、审核的地方。但是，目前在战略项目管理方面，对此还没有一种经济的管理模式。那我们为什么要关心与其他工作人员之间的合作呢？

一个好的工匠应具备奉献精神与精湛的工艺技巧。他们不断地学习、练习和研究那些复杂的工作，以及如何把这些复杂的工作运用到生活当中。他们喜爱新的做法，并利用这些方法把普通装饰品做成具有历史意义的工艺品。一个好的工匠会站在历史的肩膀上去寻找和发展更加适合现代工作的方法。在粉刷领域，从建筑设计师和画家的视角来看，在实现建造具有更高质量、更加有益于健康、更加耐久和美丽的室内空间的设想的过程中，与工匠们的合作使得他们的这种努力又跃进到了一个新的台阶。

设计和建筑实施人员往往不能充分理解石膏的用途。石膏是具有很多种功用的产品。它的用途往往会被想象力所限制。组成石膏的最根本的元素是钙元素。在地壳中、海水中和人体里，钙元素是第五大丰富的元素。石膏是绿色的，因为在它形成的过程中会形成抗菌面，而且抗菌面不包含任何有害的、会污染室内环境的化学成分。石膏具有较好的耐火性、稳定性。这就意味着石膏制品如果没有开裂和长时间的耗损，就不需要维修、润色和修理。石膏还具有罕见的可塑性。根据大量的现代和古代的方法，石膏能够被做成很多形状。但是，人们往往对石膏知之甚少。尤其是在美国，在设计和建设中经常被忽视。导致这种现象的直接原因是那些涂料工人。在设计的早期阶段，考虑好石膏的利用往往会对项目产生重大影响。下面和大家分享我的一些经验。

在有利于经济成本解决方案，我回想起一个有着18个穹棱拱顶和拱形成的三面封闭回廊的工程。承造商为了追求更低的价格想要通过传统的三层石膏线和框架来实现这个工程的建造。承造商也备用了一些石膏板和框架。业务代表为了节约潜在使用涂料的成本和保证质量，曾邀请我去检查这个项目。当我看到建造那个工程的建造

对页图：
对于有历史意义的范例了然于心的工匠们，正根据设计图和铅笔透视图，用娴熟的技巧雕刻和浇铸尽可能完美的石膏装饰品。

——福斯特·里夫联合公司（Foster Reeve & Associates）

计划后，我建议使用 GFRG（玻璃纤维增强预制的涂料）粉刷镶板系统。这个建议节约了很多的经费，我还建议他制作更加详细的说明书去告诉业主，镶板系统比其他的任何一种系统都能更加方便地实现这项穹顶工程。在一些没有远见的业务代表为了保证初期的项目评审通过邀请我们去工程现场时，我发现那些业主代表浪费了很多时间去追求一些错误的规范，有时候还可能执行了这些错误的规范。因此，在初期的设计阶段合作十分重要。通过讨论进展的状态和预算，人们可以确定涂料的使用是否恰当，以及如何使涂料使用恰当。

通过相同的方法，最近我创建了一种更加复杂弯曲的伞状穹顶。它的设计是在丹麦的克伦堡城堡（Kronborg Castle）的基础上（这个建筑在威廉·莎士比亚的《哈姆雷特》中被称作埃尔西诺）。穹顶建设早期，粉刷工会通过模板和找平层来实现精确施工。这也是为什么现在很多建筑设计师考虑用这种方式建造穹顶的原因。而且，现代的建筑设计师应该意识到这种预制石膏系统（和其他类似的径向和腹股沟拱顶天花板）在建造上更加节约成本。这种系统不要求使用框架而是通过椽子或搁栅的悬挂来实施建造。这些包含着理念和施工注意事项的设计案例足以说明，其他工程施工人员在建筑初期阶段应该跟粉刷工实施充分的合作，这对于建筑美学的发展和成本的控制都有着很好的影响。

除前述所提到的好处，这种合作还有其他的好处，在宾夕法尼亚州的雷文伍德地区（Ravenwood）的一个项目可以说明这个。在那里，很多的建筑基于历史上英国的一个先例。为了建造好石膏天花板的装饰，我们挑战制作一种可以旋转与调整，并且刚刚好能被手应用的小片，以此去实现手工建造的外观和感觉上不对称螺旋。这是唯一能实现建造要求的方式，因为设计师理查德·卡梅伦（Richard Cameron）让我们在一定的预算下完成这项设计。他为我们安排了这个项目，而且帮我们取得了业主的同意。我非常感谢承包商 I-Grace 公司的支持，尤其是想对这个工程的代表托尼·休谟（Tony Hume）说句感谢。他非常热心地支持这项工程，并想办法让不同的人向着同一个方向前进，以推动这项工程的进度。

我曾跟建筑设计师理查德·兰德里（Richard Landry）一起在洛杉矶合作一个艺术装饰创意设计项目，我们的任务是建筑装饰一所位于贝弗利山（Beverly Hills）的住宅内的房间内表面。项目包括一些扇形墙壁的美化，需要在上面制作出非常复杂的曲面和自然的光洁度。琼·本基（Joan Benke）是该所住宅的室内装修设计师，她负责内部工程的进度，并且监督各个部门的合作，也包括与土生土长并且有远见的承包商约翰的合作。琼引导着整个进程，她在没有牺牲质量的情况下确保了工期如期完成，而且预算没有超标。许多复杂的设计细节要靠整个团队的亲密合作来解决。在工程设计和工作实施方面，粉刷工们显示出了能够上得台面的远见和能力。建筑设计师和室内设计师们意识到在早期建造过程中就雇佣粉刷工确实有很大好处。

雷文伍德项目餐厅天花板上装饰的精工传统石膏浮雕和花饰。

——福斯特·里夫联合公司

室内石膏装修配件样品盒,其中包括花冠、护墙板、墙裙板和踢脚板,全都是用石膏制成的。设计师和委托人可以通过这个"盒中之屋"了解各个配件之间的关系,尽可能地在设计中使用更多的石膏配件。

——福斯特·里夫联合公司

建造的成功还有部分归功于我们长期的友谊关系，罗斯·塔洛（Rose Tarlow）是我最喜欢的设计师之一。她的方法看起来简单和直接。罗斯会给我们整个设计的设计图，然后让我们制作样品和模型，以此来提供设计选项和灵感。在保证质量的情况下，罗斯专注于如何让每个粉刷工的工作融合到她整体的设计当中。罗斯相信她精心挑选的团队经过一个阶段的建设将会建造出质量优异、外形壮观的工程。在她的工程项目实施过程中，罗斯总能成功鼓舞和发挥每一个粉刷工的创造力。

甚至在中国，我们也成功参与了一个项目，那个项目有着一个有远见的主人。由于处在高湿度的地区，业务代表要求内外装饰大部分使用涂料。他们想把家打扮得富有新古典主义的气息。业主委托理查德·兰德里设计一个宏伟的住所，我们被邀请负责粉刷工作的美化。信任在推动项目发展中起很大的作用，因为被信任我们也充分地发挥了我们的才干。信任也让我们为了一个目标共同奋斗，而且为了一个目标奋斗也可以弥补不同文化之间的鸿沟。

建造完美世界的根本途径是合作。设计应包含施工细节设计的考虑，使得在建筑设计早期就引入跟粉刷工的合作成为可能，这种合作对于建筑的美学效果取得和工程成本控制都有着很好的影响。让这种合作明确开展的前提是工作目标的确立。当建造漂亮的室内空间被上升为使命时，这一工程就变得至高无上，业主、建筑设计师、室内设计师都应了解并有权参与早期阶段的重要工匠的选用，以便他能够帮助建筑设计师和室内设计师充分发挥他们的想象力，并帮助他们制定预算和工程计划。这种合作的结果是造就一个具有凝聚力并且为了一个共同目标奉献自己所有才智的团队。因此，这样的结果对于业主也是最有利的。

上图：
工匠正在切削一个装饰石膏花冠上的卵锚饰塑模，花冠下方衬托着精细的叶片，花格镶板上还嵌着玫瑰蓓蕾。

——福斯特·里夫联合公司

Armed with a rich archive of samples, photographs, publications and catalogues, Nanz has created a line of door hardware which stretch from the historic to the avant-garde.
The Nanz Company

满意之作

卡尔·索伦森（Carl Sorenson）

门把手完美兼顾实用性与装饰性，转动一下门把手，房主和他的家之间就开始了相互的接触。我在俄亥俄州的一所房子里长大，这所房子建于1922年，由当地小有名气的建筑设计师查尔斯·E. 费尔斯通（Charles E. Firestone）设计。在这个砖石结构、板岩顶板的二层楼的家里，镶有1.75英寸（4.5厘米）宽橡木的门上有一个青铜铸造的旋式门把手，把手上有哥特式的花纹。它们并非我的钟爱，但是这种用拇指转动、款式时尚的旗杆钥匙锁做工极好，上面的圆形花饰更是令人过目难忘。那时，我完全不知道它们是耶鲁制造公司（the Yale Manufacturing Company）的产品，它们是20世纪20年代锁具技术发展的标志，不过，我的确对它们的品质赞赏有加。

在房子的后门上，锁的样式很普通，但加了两道锁，这一点我后来才明白。那所房子里的五金件还有其他的东西都来自于一个设计精良、做工精细的时代。这个时代一直延续到二战时，美国的制造业在二战后牺牲了产品质量去满足战后大规模建设所要求的数量。

当我大学毕业加入劳动大军时，情况还是这样糟糕。毕业后我在大型制造企业里做过几份销售工作。第一份工作是销售管道分配器的调试工具，第二份是在新泽西州销售重型电气设备。然而我渴望得到一份更有创造性的工作，并且我想去曼哈顿，因为我的朋友都在那里。我大学时代的一个朋友正在为一家建筑公司工作，他们正在达科他州重建一个地标性建筑。一天下班后我去看望他〔在鲍厄里区（Bowery）一幢出租楼的三楼上，他开了一个店铺〕。在他的工作台上摆放着一些青铜弹簧柜栓、黄铜迂回管枢铰，还有一些有趣的气窗铰链。我立即被这个金属体阵列吸引住了，并且询问起它们的来历。史蒂夫（Steve）跟我解释，经典的五金件现在都已不见踪影，这些都是他再造的。我对这些五金件越发着迷了，我又问了他一通问题，我想最后我们两人都意识到我们可以借机互帮互助一下。史蒂夫擅长制作东西，但拙于推销他自己跟他的作品，而这个正是我的长项。我们成立了一家公司，名为纳斯五金定制公司（Nanz Custom Hardware Inc.）。这其实是搭档及其各自才华之间协作的首例。

纳斯开始为派克大街及上东区市政厅再造那些由建筑师罗萨里奥·堪德拉（Rosario Candella）、詹姆士·卡

对页图：
纳斯五金定制公司的资料库中有着丰富的样品、图片、书籍和工具手册，在这些资料的武装下，纳斯公司可以生产从古典到前卫风格的一系列门用五金。
——纳斯五金定制公司（The Nanz Company）

彭特（James Carpenter）以及莫特·施密特（Mott Schmidt）设计的古典风格五金件。客户们通常把家里所有的东西都更新，但他们会选择修复五金件。如果没有别的原因的话，那就是因为这些五金件对这些建筑来说是独一无二的。而这正是纳斯可以帮得到他们的地方。我们会把五金件取下，重新调配，我们会把铰链复原，把锁修好，再把把手抛下光。我们做每个项目时，都会发觉把手永远不够用，就是这个时候我们开始生产门用五金件。不久就有设计师请我们设计制作"见所未见"的把手。

早在公司开办之初，杰德·约翰逊（Jed Johnson）和艾伦·文正伯格（Alan Wanzenberg）就问过我们是否可以为一个法国艺术品与家具收藏爱好者制作经鲁曼授权的把手。艾伦递给我一本有雅屈·埃米尔·鲁曼（Jacque Emil Rhullman）的专题文章的书。我翻阅了一通，看到里面的大多数家具设计方案只提到不多的金属配件细节。我一丝不苟地把我心目中合适的把手画了出来，让史蒂夫用黄铜做了把手的握杆，这样看上去时尚些。那时我们还不懂铸造法，甚至连最基本的机器制造技艺也没有。史蒂夫在一个带式砂磨机和一个抛光轮上对黄铜棒进行手工制作。不管怎么样，我们成功了，我们的把手在略受质疑后，跟拉手和指式旋锁一样成为了时尚的象征，得到认可，进入了市场。我们还曾为一些其他的很有影响力的品牌如卡尔·奥伯克（Carl Aubock）、皮埃尔·卡奥克斯（Pierre Charaux,）、迭戈·贾科梅蒂（Diego Giacometti）和吉恩·代斯普利司（Jean Despres），做过许多类似这样的项目。

我们作品中的大部分来自于我们的纽约设计工作室。我们的木制品、蜡制品、以及金属制品专家自行或按照客户的要求进行设计。我们经常跟奇思妙想的艺术家合作。我们的五金件工艺、制作手法与艺术家们的创造性形象设计相结合，催生了许多富有创造力的作品。我们有时使用现代扫描技术及快速成型技术进行创新设计。我们的工作室是我们创意的"新月沃土"，而在长岛，我们有5万平方英尺（4,645平方米）的工厂进行大批量生产。

长台上工作的工人们技术高超，他们的手艺久经打磨。有的工人已经和我们一起工作了20多年。我们聘请专家从事表面加工、电镀、机械加工及铸造。我们的黄铜、白青铜与红青铜工件运用失蜡法制造，几无瑕疵。我们的铸造工艺和富有才华的工程师对产品设计、工具使用、工艺流程的把握一起造就了精美的铸件。铸造车间各不相同，但纳斯的铸造车间特别有名。在采用现在的铸造工艺前，我们铸件的外观差强人意，因为当时用的是砂型铸造，当时的模具也对铸工的手艺有高度依赖性，所以产品各形各状，质量也很不稳定。纳斯把目光投向以质量至尚著称的航空工业，最终纳斯吸收了航空制造业中使用的失蜡法。我们把它运用得很好，产品也受到了推崇。

对页图：
通过采用传统的雕镂技术，可以把类似亚麻、麻布、沙子、木材、谷粒或石头等的纹路加到任何产品上。还可以采用打磨、抛光、上光和加铜绿等工艺，以便制造出无限接近传统工艺品的效果。

——纳斯公司

By employing traditional chasing techniques, textures resembling linen, burlap, sand, wood, grain or stone can be added to any product. Polished, burnished, satin, and patinated finishes can also be used to produce a nearly unlimited variety of custom finishes.
The Nanz Company

只有采用手工工艺的公司才能设计和制造传统工艺品。图示为纳斯的工作室制造的仿真大小的塑料模型,先是在位于索霍区(Soho)的工作室制造,然后被送往位于布鲁克林的公司所属工厂,以便用于生产最终产品。

——纳斯公司

我们的手工表面处理工艺结合我们的 3,000 平方英尺（279 平方米）电镀工艺生产线（我们的另一个长项），使我们不同寻常。早前，我们因为不能忍受修整产品时电镀上的耗时，把它连同其他所有的耗时工序如抛光、包装、贴标签、整理、装运等均外包了，结果是各式各样的电镀工给了我们五花八门的电镀产品，而且产品丢失与损害也成了必然的事。我们决定跟第三代电镀工一起开发我们自己的电镀设施，电镀生产线一点点地不断改进，我们也成了唯一的一个电镀工序不外包的有竞争性的生产商。这意味着纳斯产品的外观品质确实无与伦比。

出色的产品品质对我们的成功很重要，但是我们能干的项目经理也很关键。我们的这些伙伴们确保了生产规格的精确性、项目管理的严格性以及安装过程的无故障性。

这些日子，我们的项目经理往往在项目一开始就被请到项目现场，跟设计团队一起解决问题。团队协作确保了我们的产品能够完美地实现客户的所需功能。

制造令客户满意的精美五金件，这就是我们在做的事情。作为具有 25 年经验的制造商，纳斯已开发了众多系列的，用于门、柜及窗的品质优良的把手、锁具和铰链。借助最最现代的铸造技术及机械加工技术，再加上传统的表面处理技艺，我们正在制造几百年前的式样时尚的五金件，跟古人使用的别无二致，除了更好用、更耐用，并且均终身保修之外。

上图：
图示为这两片竖直连接的折页，采用仿古青铜材质，上面的轴套加工精美，末端是橡实形的。

——纳斯公司

建筑设计师杰里米·狄克逊利用这幅画作为设计工具,想象他的设计能否满足皇家歌剧院级别的演出需要,以便使自己的设计能适合繁忙的伦敦科芬园(Covent Garden)的需要。

——卡尔·洛宾(Carl Laubin)的油画

与作古的设计师合作

卡尔·洛宾 (Carl Laubin)

我的这个标题源自于已故的现代建筑绘画大师赫尔穆特·雅各比 (Helmut Jacoby) 所作的一番评论, 在他去世前几年,德里克·沃克 (Derek Walker) 带他到访过我的工作室。那天他浏览了我陈列于墙上的作品(现在记起来其中大部分应该是帕拉第奥式建筑),然后他说道:"非常好,可是为什么你只画已故建筑师的作品呢?"我很想说因为他们不会向我提意见,但是我没有那样做,我向他声明我跟众多在世的建筑师有过富有成效的愉快完满的合作。

我与团队协作之间的关系迂回曲折。我是建筑团队的一名建筑师,在业余时间我喜欢绘画,我一直是团队的一分子,但是,说实话,内向的我不怎么适应这个角色。因此,当杰里米·狄克逊 (Jeremy Dixon) 在他办公室里提议让我为项目绘画时,对我来讲,这似乎是一次很理想的转机。我仍在与团队协同工作,但是却可以自顾自了。

这种稍有矛盾的安排,其效果在英国皇家歌剧院 (Royal Opera House) 项目反映了出来。在这个项目中,绘画很大程度上成了设计工具,需要斟酌的地方在建筑绘画中变得非常醒目,而在设计完善过程中,画作自身也会不断改动,油画在此过程中证明了自身相对于水彩画的明确优势,这种优势使得一而再再而三的变动成为可能。

在团队协作中,绘画不单用来对设计进行反复推敲,而且也是一种冷静观照。这些绘画被有意识地用来呈现建筑而得到使用,经受着风吹雨打,老去甚至衰落的过程。它们不只是漂漂亮亮的商品。杰里米·狄克逊感到,绘画的真实性可以用来暴露建筑设计的不恰当之处,他异乎寻常地热衷于应用绘画作为设计工具。杰里米后来在《现代建筑档案》(Archives d'Architecture Moderne) 著文解释道:"这些绘画用来检验各种想法的实施效果。它们是如此真实,如果其中有不对劲的地方,一定会加以改进,面对绘画,人们不会像往常一样自欺欺人。绘画,因此成为项目开发过程中不可分割的一部分,成为了寻求细节与风格微调的一种手段"(《现代建筑档案》1990年,第40期)。对建筑绘画的厚望又反过来要求我努力画出尽可能反映建筑原貌的画。这点对杰里米来说一直很重要,比如德贞码头 (Dudgeon's Wharf) 项目,在绘画中,这个项目不单单要求被置于明媚蓝天之下,而且要置于"雨过天晴"的景象中,因此,我花了很多时间研究雨后路面的光影效果,试图理解阴影应该怎样轻轻地渗透景物的表面,同时又映照出雨水在阳光下的光彩。我记得我那时是这样想的："我不相信有人竟然真的花钱让我研究怎么样画水涡！"同样地，当我想要弄明白悉尼歌剧院柱廊拱顶上的开口是怎么影响到柱廊内的光线时，我跑到佛罗伦萨去研究乌菲兹美术馆的柱廊，因为悉尼歌剧院的柱廊仿效的正是乌菲兹美术馆的柱廊。回来以后，我放弃了原来的柱廊绘画，因为我有了更好的主意去表现光线返照在拱顶的景象。这是一个重画比在旧作上修改更有利的例子。

杰里米·狄克逊使用绘画来研究设计的做法相当独特。以后与其他建筑师的合作也是一样的富有挑战性，但是通常，他们更多地是想让绘画精确地反映设计意图，而不是去影响设计意图。在这层意义上，这些协作更多地跟历史性建筑的描绘有关，这些协作的目的是帮助更好地理解，诠释一个建筑师的作品，而不是直接影响它。比如，与约翰·欧南（John Outram）的合作相当地不同寻常。我为他所作的绘画不是用来研究及完善建筑设计，而是用来传达其作品的寓意。而理解包含于作品之中的复杂的象征意义要求我们之间非常紧密的协作。

跟杰里米协作时完成的绘画作品还有另一个很关键的担当，这也是我在与其他建筑师合作时一直努力坚持的，那就是：这些绘画作品应该是一个艺术家想要画或选择去画的。也就是说，我受建筑师直接委托所绘的建筑作品应该是艺术作品合适的描绘对象，它应该值得画，而不仅为完善设计而画。在这个意义上，这是对建筑的一个检验：一个建筑是否能成为未来的历史性建筑作品，是否能成为画作当之无愧的描绘对象。通常情况下，建筑本身甚至不是描绘的对象，它只是景致的一部分，这对建筑本身又是一个考验：建筑物本身是否能融入到环境中去。显然，英国皇家歌剧院（Royal Opera House）这种处于敏感地段的建筑最需要考虑的就是这点。

与杰里米·狄克逊的协作，使我的建筑与环境融合的理念得到完善。我带着这个理念与莱昂·克里尔（Léon Krier）、约翰·欧南（John Outram）、约翰·辛普森（John Simpson）、昆兰·特里（Quinlan Terry）、德里克·沃克（Derek Walker）、本森（Benson）、福赛斯（Forsyth）以及利亚姆·奥康纳（Liam O'Connor）等建筑师进行了合作。

在我描绘德里豪斯奖（Driehaus Prize）头十年得主的建筑作品时，我与当代建筑师的合作达到顶峰。这是一部经典建筑绘画集，它把10位当代建筑师的作品置于同一虚构景观进行展现。在此过程中，我与建筑师之间并无多少实际的协作，但是我花了大量时间熟悉、选择各位建筑师的作品（很多作品对我来讲，都很陌生），我需要在不同的建筑流派之间自如转换，对作品做出适当的处理。

把建筑视为艺术作品的合适的描绘对象（无疑与正在兴起的电脑绘画契合），意味着绘画者对建筑相关事物产生广泛兴趣，并沉迷于建筑绘画，同时也意味着与建筑师间的直接合作在减少，然而我并不认为这一定是协作的终止。

为逝去建筑师的作品绘画，这意味着绘画者不可能得到建筑师的直接指导，所以绘画者需要付出更多努力去发现建筑师们的创作动机与意图，从而谋求合作。尤其对于从未建起或已被毁坏的建筑作品，绘画者只能依赖于建筑师的图纸，如同对待新建筑一样展开工作。我以这种方式合作过的建筑师有雷恩（Wren）、霍克斯莫尔（Hawksmoor）、范布勒（Vanbrugh）、科克雷尔（Cockerell）、帕拉第奥（Palladio），尤其是勒杜（Ledoux）。对每一个作品的描绘都需要绘画者全身心投入于建筑师的图纸，深入思考如何让建筑师们的作品重现。但是对现存建筑，也有一种协作，这种协作就是：当端详建筑时，细细品味建筑师的意图，让自己跟着建筑本身的思路走。

我对这点体会至深，因为我刚画完纪念埃德温·勒琴斯（Edwin Lutyens）的作品——《默廷多·维文顿》（Metiendo Vivendum），其中包括一些未曾建起的作品，以及已毁的巴比龙厅（Papillon Hall）和夏纳步道（Cheyne Walk），还有几个我不能造访的建筑。我只能依赖于建筑师的画稿进行创作。也有很多我能造访的现存建筑，但其中的一些建筑与其周围的环境有着特定的关系，我需要能理解这点，而且在绘画中反映出来，所以在我面前有众多以各种方式关联着的建筑设计，需要我最终把它们和谐地呈现在画作中。

默廷多·维文顿项目的主要挑战是描绘勒琴斯的利物浦大教堂（Liverpool Cathedral）。在皇家艺术院（Royal Academy）有一个建于1933年的模型。还有众多同时期完成的作为模型的展览画稿，以及后期为勒琴斯的纪念册所作的画稿，这些均制作于他去世之后，用以收录他的作品。它们包含了一些互为矛盾的信息。但其中最重要的信息有关蒂耶普瓦勒（Thiepval），一座纪念索姆河战役阵亡人员的建筑，这个纪念碑体现了许多大教堂的建筑元素，它是理解勒琴斯的大教堂设计思想的一把钥匙，要不是造访过蒂耶普瓦勒，我不可能创作出令人满意的大教堂的画作。这两座建筑的外形均为向各个方向延伸的不断缩小的拱门，在外表面细节上，两座建筑都精确地反映了极细微的拱门的厚度变化。从蒂耶普瓦勒纪念碑外立面各种形式的收紧处理就可预见到大教室的外立面。

至于建筑图纸与模型间的各种不符，我认为，只要意识到没有一座建筑是勒琴斯完全按照图纸，不作现场修改完成的，你就不会怀疑模型的真实性了。我相信他曾对建造模型很感兴趣，并看着它从图纸变成实体——如同在工地看到建筑成形时一样，他会灵感乍现——他在建造模型的现场改了模型，然后又相应地改动了施工设计图。在模型上护栏／小建筑物的高度有砖砌物，而阵列

于皇家艺术院的建筑图纸和后来的纪念册中的图纸均在同样地方标明为石砌物。并且在此高度之下，模型上另有窗户，但在图纸上却没有显示，但是不可能是模型制作者主动加上了窗户。

在这一点上，加文·斯坦普（Gavin Stamp）与我有同样的观点：模型很可能先于图纸，在制作现场由建筑师作了改动。这样，我又开始了另一方面的合作，这种合作对默廷多·维文顿很重要。那就是与研究过勒琴斯、写到过他，工作或居住在他的建筑里的人合作。在一年半的时间里，我沉浸于勒琴斯的世界中，我阅读加文·斯坦普、约翰·萨莫森（John Summerson）、劳伦斯·韦弗（Lawrence Weaver）、克里斯托弗·哈斯（Christopher Hussey）、A.S.G. 巴特勒（A.S.G.Butler）、罗德里克·格雷迪杰（Roderick Gradidge）和其他人有关勒琴斯建筑作品的文章，以及玛丽·勒琴斯（Mary Lutyens）、简·里德利（Jane Ridley）、简·布朗（Jane Brown）的有关勒琴斯本人的文章。迈克尔·爱德华兹（Michael Edwards）修复与扩建过众多的勒琴斯建筑作品，他提供了许多有关勒琴斯的见解与线索，我也访问了许多业主、花匠、房产管理人，在他们的帮助下，建筑师与他的建筑想要表达的思想被拼凑了出来。

我相信这是一次真正的合作，我从尽可能多的源头收集勒琴斯的信息。每个信息来源都很有愿望，想要完整地描画他的作品。对勒琴斯的研究，信息来源的多样性很关键，因为勒琴斯的作品类型众多。许多人对他的作品仅仅是管中窥豹，只见一斑。我的这个画作呈现了勒琴斯全部作品的综合印象。我欲把勒琴斯比作建筑界的J.S. 巴赫（Bach），一个有着层出不穷的创意思维的多产工作狂，一个比例与次序的痴迷者，数学大师，技术高人，一个创作出富有震撼力的人性化作品的建筑师。我只有与尽可能多的信息来源进行合作，才能完整理解他的作品。这真是一个良好协作的例子，没有动用大量的知识与其他专门技术，却绘制出了本不可能实现的这么丰富的画作。

第98—99页：
画中所绘将建筑设计大师爱德温·勒琴斯爵士（Sir Edwin Lutyens）的设计作品整合到一张画布上。
——来自卡尔·洛宾的油画

对页图：
图中所绘风格阴郁码头画面，表现的是伦敦滨水地区码头上的建筑物景观。
——来自卡尔·洛宾的油画

图示为伦敦彭特里斯公司礼堂陈列室中混合展示的古董和现代家具、图片、图书和生活用品,这些东西不仅显示出所有者的个人偏好,也足以说明人们只会出卖他们买来的东西。

——本·彭特里斯有限公司(Ben Pentreath Ltd.)

今日之建筑

本·彭特里斯（Ben Pentreath）

安·兰德在她杰出的小说《源泉》中塑造了一个受尽折磨、意志强大、自我意识极强的失意建筑师霍华德·罗克的形象。于是乎，人们对建筑的普遍印象已经变成具有天分、充满愤怒的浪漫艺术家努力向这个无法理解他们的世界展示自己的一种十分重要且独一无二的形式。建筑被看作是孤独的艺术家的实践。即使是罗克也知道朴素的结构所蕴含的力量，与他的建设者和工头合作的重要性，在前进的道路上也结交了几个其他朋友。

建筑设计师法兰西斯·特里（在这本书的前面已经出现过）曾向我引用一句格调温柔的话，这正是我所爱的。"和气生财"，他一边说着，一边打开了《源泉》上有着"天佑勇者"那句古老格言的那一页。"天佑勇者"这种说法从未让我信服过。在我看来，大胆在很多情况下意味着第一个过线，然后挨枪子儿。慢慢地，我意识到建造美丽的建筑也是一个要靠交朋友解决的问题。这是一个很大的合作项目。这就是时代精神。瓦伦蒂娜·莱斯（Valentina Rice）是总部设在纽约的多多厨房（Many Kitchens）的创始人，也是一位和小批量工匠成功合作的食品生产商。她最近发表了一篇题为《为什么上世纪的竞争如此激烈——在一个亚马逊世界里创建一个属于工匠的非竞争社会》（Why competition is so last century : building an on - competitive community of artisans in an Amazon world）的演讲。

关于赞助商在建筑中的作用方面的文章已经有很多人写过，而且我敢肯定，不用说，最伟大的合作就是赞助商和建筑设计师之间保持良好关系，并借此推动项目取得更好结果的合作。桑迪·斯托达德（Sandy Stoddard）是一位令人尊敬的新古典主义雕塑家，他曾经对我说："客户只想得到他们想要的建筑。赞助商则想要获得他们应得的艺术作品。"确实如此。投资商是一群有足够的钱并且能够推动工程进行得更好的人，但仅此而已。他们不一定都是这样的：尊重他人，懂得谦逊，也坚信每个人都是高贵的……尤其是还很有幽默感。因为如果我们不能对生活自嘲，那么建筑业会不会是生活的反映？我很害怕建筑设计师或是出于这个原因太把自己当回事的客户。我时不时地会听到一些嘀咕，当事情出错时似乎整个世界都坍塌了。"没有人死了。"有时候，你担心因为礼服挂在浴室的门上而迟到了和宣布第三次世界大战是一样严重的，但这可能仅仅只是一个很普通的日常插曲。

对我来说，积极的合作体现在更多的方面上。他们开始在我的办公室办公。我在位于布鲁姆斯伯里（Bloomsbury）的总部拥有一间小办公室。在18世纪的伦敦布鲁姆斯伯里处在心脏地带。过去的十年中我们慢慢长大，和我一起长大的人拥有一种特殊且很了不起的天赋，他们能够顺手完成各种任务。罗布·伊林沃思（Rob Illingworth）是"主策划人"。鲁伯特·坎宁安（Rupert Cunningham）在"乡间别墅"部门工作。他们有一个了不起的团队做帮手，同时我们也和朋友们一起合作。

在我们的城市设计项目中，有一个是位于庞德伯里（Poundbury）的威尔士亲王的多切斯特进修学院（the Prince of Wales's Extension of Dorchester）项目。当时，在康尔沃公爵领地（the Duchy of Cornwall），我跟一群非常了不起且具冒险精神的人共事过，其中和建筑师乔治·苏默莱兹·史密斯（George Saumarez Smith）（其作品也被本书采用了）相处得特别融洽。我们至今已相识多年。当我们的工作要求具有更现代的风格时，我经常与另一个同事威廉·斯莫利（William Smalley）合作。他是一个现代主义者，我却很传统。我们在合作中经常将两者的立场折中，结果对我们俩都有所启发。同时，在街对面我们的装修部，卢克·爱德华·霍尔（Luke Edward Hall）和露西·威尔克斯（Lucy Wilks）经营着一家你能想象出的最随和、最舒适（但操作最为严格）的室内设计公司。此外，在我们位于街角的商店，我们每周都会和艺术家还有生产者一起开会。去年，我把一半的店卖给了我的合作者兼工作伙伴布里迪·豪尔（Bridie Hall），结果商店的发展规模不断扩大。真的，这篇文章应该归功于佐伊·怀特曼（Zoe Wightman），是他管理着整个工作室，并确保它能如我们所想的那样平稳运行。

多年来，我已经和许多我曾经依靠过的人建立了不可思议的关系。我们有共同语言，共同的认识，这使得设计过程既灵活又愉快。不知为何，我在自己的办公室里始终能感受到我设计的每一个建筑或室内设计。在很大程度上，这是因为我自己周围有一群才华横溢、快乐并且可以信赖的人。我常想，如果我想要做什么真正出色的事情，那么我最好自己做。如今，我清醒地认识到，如果我想要把东西真的做好，我最好和其他人一起去做。在数字中有一种力量——不能太多，也不能太少。

协作在建筑中的作用已经扩展到了跨学科的领域中。久经考验的机械或结构工程师与房屋修理工的差别在于把房子的设计是当作一种乐趣还是一种惩罚。建筑这一学科已分成许多不同的分支来回应越来越复杂的住房建造需求。表面看来，早在21世纪建筑就已经成为了用来居住的机器。把每根绳拉到一起也需要努力或是用其他的方法，建筑需要的是一个考虑周密、设计精美的设计。我们同卓越的景观建筑师和设计师们一起工作，我喜欢和他们一起工作，特别是吉姆·威尔基（Kim Wilkie）和碧波·莫里森（Pip Morrison）。在许多项目中，我要求客户在第一天参与到项目中，然后我们开始和园艺设计师一起设计建筑。

目前，我正在享受和决策者以及建设实施者之间的合作。当我写这篇文章的时候，我们已经在牛津郡（Oxfordshire）一个安静的村庄里完成了一个新的伟大的乡村别墅一半的建设工作，那里距离亨利镇（Henley）不远。在这里，我们重建并且改造了一个小型的早期的乔治亚风格的建筑，在其骨架上也设计增加了一些新的东西。这房子是由当地的一家叫做西姆的建筑商建造的，西姆公司（Symm）是在弗利家族（Fawley House）第

图示为一所英国南部新建住宅的电脑效果图。设计以摄政王御用建筑师约翰·纳西爵士（Sir John Nash）设计的著名的意大利风格庄园克劳恩山庄园的设计为基础。

——本·彭特里斯有限公司

本·彭特里斯自己住所的客厅，位于19世纪早期多赛特郡（Dorset）乡村的一所牧师住宅中。

——本·彭特里斯有限公司

彭特里斯堂由建筑设计师本·彭特里斯创建于2008年，是一个位于布鲁姆斯伯里（Bloomsbury）中心地带的小商店，该处已经变成一个对伦敦建筑装饰界的有影响力的场所。

一次开始建筑工作的一百年之后成立的。西姆公司汇集了大量的手工艺人，有很多是女员工。砖匠、石匠、电工和屋顶工在他们各自的工作领域中付出了和石材雕刻工、细木工、木雕、金属制造工、橱柜制作工以及画家一样的精力。他们每个人各自的工艺和技能都涉及到了我们建筑的每个因素。总之，他们的技能汇聚到建筑中，从而衍生出了一个比他们各自部分的总和还要大得多的事物。共同努力这种感觉从客户一直延伸到挖沟渠的地基工人，一切都是最终成果的一部分，工头鲍勃·斯克维恩（Bob Scrivens）是这样感觉的。他好像是一个可以将不同的部分的成员组成伟大的管弦乐队的人，在过去的几年里在从事建筑组织工作时，他就是这样做的。他可以确保木管、小提琴和鼓在恰到好处的时刻演奏，既不能太生硬，也不能软绵绵的。

我想在这个比喻中，我是作曲家。但说到我曾经所写的一切，我认为作曲这件事本身就是人与人之间合作的一种形式，它就像是我们自己时光中的现在、过去和未来。这个过程是非常特别的。我认为这世界上艺术创作是独一无二的，艺术创作始终需要在"坚定、团结和开心"这三驾马车之间行进。这也是为什么我会喜欢建筑设计的原因。

这座位于布兰迪万河谷的砖砌建筑建造于 1727 年，颇具历史意义，曾经被仔细修复并加以扩建。增建的部分有着深棕色的护墙板，包括一间位于一楼的新厨房和一间套房式主卧室。
——约翰·米尔纳建筑设计事务所（John Milner Architects）

This historic 1724 brick house in the Brandywine River Valley was carefully restored and expanded. The addition, clad in dark brown clapboard siding, includes a new kitchen on the first floor and a master bedroom suite above.
John Milner Architects

设计和维护

约翰·米尔纳（John Milner）

当我的妻子韦恩和我计划恢复并扩大建造于1724年的、位于宾夕法尼亚的布兰迪万河谷（Pennsylvania's Brandywine River Valley）、由砖块建造的老宅的时候， 我们一个考古团队正在调查新建筑对环境的影响。我们调查的依据是两个早期的建筑和一个散乱的史前建筑所占用地基的区别。当时，韦恩在一个当地的中学教一些有天赋的孩子，她的一个对考古感兴趣的学生被我们邀请参加考古挖掘。在一个温度适宜的夏季早晨，那个孩子的母亲让他下车，他就立即细细筛选桶中泥土。大约过了一个小时，这个穿着脏牛仔裤、带着汗水的年轻人宣布，他决定未来要教考古学。这是一个有意思的事情，就像我主张理论应该与实践结合起来一样。

在追求成功与创业的过程中，设计和古迹保护工作教会我如何和别人合作，对于我的人生有着很大的价值。很早以前我就和考古学家和历史学家来合作扩大我在历史遗址方面的知识。我明白了在时间的推移过程中，建筑什么时候会发生改变，怎么改变，为什么会改变。这些改变对于他们负责的建筑的管理工作是十分重要的。在进行老宅考古挖掘中，我们发现一些铅条和碎玻璃，其时间和尺寸与砖制的墙洞口相匹配。这证实了镶铅玻璃在很早的时候便得到应用。我们重建的重要理念是按照原来的尺寸用现代材料的窗户来替换旧的。

我对建筑的兴趣来源于我与工匠合作建筑时所产生的强烈快感。我曾在一次实习的时候调查美国建筑，我明白一些建筑是无价的。我也明白了那些建筑是如何构建和装饰的。对我来说，在建造和设计的过程中一个重要的步骤是保持与工匠的交流。我把自己放在工匠的位置上时，我明白了实践与理论之间的联系。这是一个发展的过程。这是非常重要的。因为沿着工匠们的逻辑更加容易使整个设计意图复杂的部分得到落实。这种方式也成为我们公司档案的一些范例。这些例子不仅对古建筑的恢复有用，于新的建筑建设也是有意义的。

当一个设计理念确定下来，我们和客户一起到采石场去选择可用的材料，了解当地的地质，并确定实现设计的最佳办法。在新建的过程中采用的石头被采石工称为"自由石"。因为这些石头在底土层，并在高于深层基石的地方单独存在。一般通过挖掘表面来开采这种石头。这种石头由于既接触空气又接触土壤，会有一定的色差，而且材料的性能方面也有差别。"自由石"也被称为

"田里的石头"。因为，农民会用这些石头把土地分割成行。这种石头通过一定的工序或者其他的机器可以做成任意的形状。小尺寸的石头适合砌墙。对于一些大型的建筑或者一些特殊的应用来说，深层基石被大块的取出或者切割成一定的尺寸。这种处理石头的方式，比处理"自由石"更加具有难度。

只要有可能，我会谨慎地选择承包商和石匠。因为，他们可以在处理和配石料方面给予一些有价值的意见。一旦人员选定下来，接下来我们将和承包商、工匠一起决定关于墙面的其他一些基本的设计。比如，石头的类型，灰浆的配置、色泽，外面的角落，窗户的朝向，屋檐以及其他的一些特殊的装饰。这样也使得屋顶以及木制品的颜色和纹理选择更加方便。有时候，我们也会设计一些和当地石头融合为一起带着古典气息的建筑。

当我们设计和选择一个大厦的砖的时候，在大小、质地、颜色、图案和砂浆配置方面，我们有着丰富的选择。砖块的物理特性以及外观受加入黏土的黏土添加剂以及塑造、固化和煅烧的影响。所有的这些工序使得砖块成为一种神奇的东西，它可以承载建筑的美丽并保持建筑寿命长久。砖块的样品被提前送到工程指定的位置，并在一个特制的、临时的面板上进行检查。从砖块工人那里你可以更加真实的了解砖块的硬度以及安装。工人在砌砖块方面的知识和经验对于整体框架而言十分有意义。前期需要做大量的计划与设计确保墙面的建造和设计意图能够融合在一起。比如说建筑的角落、窗户和门安置及特殊的装饰。

只要有可能，我们鼓励和景观建筑师合作以便我们的设计意图得到实现。让每个人对于建筑的创造得到体现，从而全面提高建筑的审美享受。

古典建筑内部设计的主线是由房间的作用以及重要程度所决定的房屋的层次。比如说 18、19 以及 20 世纪初的一个例子就能说明。那时房间的主要设计重点是放在参观者直接面临的以及可以让客人感到舒服的地方。比如，在大厅的楼梯入口处，客厅和餐厅的木制品以及其他一些细节上设计都采用更加高的标准。在一些不重要的房间细节设计将要简单一点，在公共服务的区域设计就更加的简单。我们在设计建筑的时候，会努力地用传统的层次结构方式来完成设计，比如说在个人房间和治疗室只有一些细微的差别。

自从 20 世纪 60 年代我在费城图书馆公司 (the Library Company of Philadelphia) 做古建筑恢复研究的时候，我就开始对木制建筑充满兴趣，并发现了《建筑绘画部件规则》 (The Rules for Drawing the Several Parts of

对页图：
圆点农场（参见第 185 页）：这所新房子的室内设计以一条贯穿所有主要房间的中轴线为基准组织，建筑设计师为他们的客户置办的所有古玩器具也按照这种方法来摆放。

——约翰·米尔纳建筑设计事务所

ON POINT FARM (see page 185): The interior of this new home is organized by a central linear axis that joins all of the formal rooms, and incorporates antiques acquired by the architect for their clients.
John Milner Architects

在过去的四十年间,约翰·米尔纳建筑设计事务所一直与查兹·福特历史协会(The Chadds Ford Historical Society)合作,以确保这所建于1714年的英式小酒店能够得到长期的保留和保护。

Architecture）那本书。那是詹姆斯·吉布斯（James Gibbs）于1732年在英国出版的一本书，它记载了很多鼓舞和激发18世纪很多建筑师灵感的内容。借助一系列的建筑类型图谱、书面指示，吉布斯建立了一种可以表达古典要求，建立设计意图，表达建筑各部分之间的比例关系以及设计外形和内部形状的方法。

我对在宾夕法尼亚州东南部发现的一个18世纪的非常具有艺术生命力的房子十分感兴趣。我曾仔细检查过那所房子的细节设计以及它是如何建造成型的。这使我有机会和过去的工匠进行灵魂交流，古人精湛的理念迫使我学习他们的手法去设计充满历史特点的新建筑。

最好的建筑成果和高深的理念，以及客户、设计师、建造者和工匠之间的合作交流分不开。设计是第一步，而工匠们是建筑最终的创造者，实现者与丰富者。

上图：
圆点农场（参见第185页）：这间新住宅中用于存放沾泥物品的房间有着木制的绘画护墙板，一座壁炉自然地跟护墙板相结合，显示出古朴的传统魅力。

——约翰·米尔纳建筑设计事务所

与烟道水平的古董画框为建筑增添了一种现代气息,与室内的电气设备有机融合于一体。

——林恩·斯加罗设计事务所(Lynne Scalo Design)

创造以及协作

林恩·斯加罗（Lynne Scalo）

协作其实很简单，它就存在于我们的基因中。作为一个室内设计师，我真可以讲一点有关艺术与室内设计协作的故事。第一幅史前洞穴壁画可以追溯到旧石器时代（Paleolithic Era/Old Stone Age）。这幅壁画于19世纪末在西班牙阿尔塔米拉（Altamira）山洞被发现。这些存在了1.8万年的绘画讲述着那个时代的故事，具有极高的艺术价值。我永远渴望着跟艺术永不分离，并把它带到我们生活的环境中。正是这种渴望使我的职业成了现代生活中如此不可或缺的一部分。没有洞穴，但是通过实现我与客户的共同愿景，我可以让居室讲述居室主人的故事。

我最早的童年记忆里有我的母亲，她自己就是一个很有天分的艺术家。在我的记忆里，她不是给我讲睡前故事，就是给我看图片，或是告诉我设计的基本原则。妈妈给我看，弗兰克·劳埃德·赖特（Frank Lloyd Wright）在宾夕法尼亚州的流水（Fallingwater）别墅。"形式服从功能"，我很小的时候这句话就已经印在我脑子里了。

对我来说，创建一个环境就是一种艺术创作的过程。让生活处处是艺术，这就是项目设计的最高境界。因此，我认为不仅仅是很棒的画，还有独特的建筑、家具及织物设计，这些物品都在表达着它们自己，这些都是设计师所创造的环境能赋予空间的。建筑设计与建筑物内部设计进行着美学上的紧密协作。建筑设计与室内设计一起构成了一个完整的设计作品，它们相互依存，缺一不可。

我相信伟大的设计永不过时，每个时代都有它自己独特的元素，并且可以永远流传下去，直到时间的尽头。充分了解建筑、艺术、家具的历史及其对文化的冲击力对我的室内设计水平的提高至关重要。我经常向客户解释这一点。比如由古希腊人创造，在公元前五世纪改良的克里斯莫斯椅（the Klismos chair），它现在仍会出现在我的设计里，只不过在我的作品中，黄铜与土色编织皮革使它摩登得不可思议，就是把它陈列在现代艺术博物馆（MOMA）也不显突兀。在时间面前，美是无敌的。设计一个家需要把每个时期整合到现代生活中。我设计的家，会让人更加觉得活着是多么美好。

我有幸与很多在不同领域的大师合作，这些建筑师、手工艺人、艺术家以及景观设计师是我设计上的搭档，在我的设计过程中，他们独特的想法帮助我开辟了新思路。

室内设计本来就是合作的艺术。首先是跟客户的合作，室内设计是为客户创造生活环境的艺术，需要从客户那儿了解许多情况。

室内设计是表达自我的艺术。我与客户们的合作最终都会让他们感觉，在他们的影响下，他们的居住空间才有可能真正成为他们自己的空间。客户提供给我的众多信息也帮助我形成了自己独特的观点，让我在室内设计领域收获了赞誉。

我发现只要我有一颗开放的心，客户总能带给我许多灵感，带着这些灵感，我总会找到最好的方法，创造出令他们喜出望外的作品。可能客户根本不知道怎么跟室内设计师合作，也可能客户在这方面很有经验，不管怎么样，我只要他们能相信我，相信我能够为他们创造出梦想中的家，如果这个客户能再向我透露一下他们的审美趣味就再好不过了。

与客户的每次合作都让我的设计日臻完善。每个项目的深度与广度决定了这种合作的影响力。有时，项目在一开始只是一些设想，这让我兴奋不已，因为在这种情况下，我能与我的客户、建筑师、施工人员、工匠以及景观设计师开始一场彻彻底底的合作，从无到有，直到呈现一座梦想家园。这种合作让我有机会，向所有涉及这个项目的艺术家们汲取灵感。是的，我把创造一个家看成一种终极艺术。很幸运，在我们所处的时代与地方，家不仅是用来遮风挡雨、提供必需品的地方，在这里，家是我们日常生活中放松身心，享受生活的地方。

在设计过程中，建筑本身很重要。一旦建筑确立起来，我就让客户想象他们自己在其中生活的景象，这样我可以了解到他们的个人风格。常常有些家庭刚从城市搬到了郊外，原来狭小的空间一下变得如此宽敞，特别是广阔的户外空间，让他们有些不知所措。这时，我首先就要鼓励他们，让他们相信我这个设计师可以安排好一切。我跟所有的家庭成员，甚至跟宠物都会会面，这一点对我来讲非常重要。我想知道谁会生活在这个空间中，以及这个空间会怎样利用起来。家庭生活也是一种协作，家庭空间就是家庭成员享受家庭生活，共度时光的地方。

我的设计风格在某种意义上说反映了别样的合作，不仅是人与人之间的合作，而且是各个历史阶段之间的合作。我太爱让时尚与经典相融合。是的，我说过我爱这样做。经典之作能够经受住时间的考验，因为它们是如此的完美。我的秘密武器之一是，我会在我设计的桌子上镶入镜子，而不是皮革（通常是这样）。这种结合给作品增添了一丝魅力，使它看上去既经典又摩登，足以经受得住时间的考验。

对我来讲，项目到了安装阶段最是令人兴奋。我、我的客户、建筑师和其他工匠数月的辛劳与等待，在这时就要有个结果，我们都难捺激动的心情，迫不急待地想看

天井的天花板上悬挂着高低不同的枝形条纹玻璃吊灯。当人们沿着楼梯上下楼层时，在每一层都能分享到充足的照明。

——林恩·斯加罗设计事务所

起居室是新型和老派风格的成功结合典范。这里有齐本德尔式镜子（Chippendale mirror）、克里斯莫斯式椅子、传统设计风格的沙发，在一间充满古典主义情调的房屋中荟萃于一堂。

——林恩·斯加罗设计事务所

陈设令人想起古典主义的英国式设计，但林恩·斯加罗的过人之处在于对其进行了一点现代风格的微调，例如此起居室中的传统风格沙发各面都是植绒的，可以让坐在上面人感到非常舒适。

到我们的成果。这是一个整理、布置的过程，先从墙与地板开始，然后是家具布置，最后是很重要的精心装饰（zhush）阶段，这个词可以追溯至1968年的英国。这是个动词，意为"精心装饰"（primp or fluff up），它被美国方言协会评选为2003年"年度词汇"。很多客户看到眼前发生的一切，才明白装饰阶段是多么重要。一个物件小小地移动2英寸都会改变空间的气氛。我用我艺术的眼光打量着一切，动足脑筋进行着布置的同时，还要兼顾房间的功能需求，也正因如此，整个"装饰"（zhushing）过程变得趣味盎然。15年前我刚开公司时，我知道我要学的还有很多，那时候，我的激情足以超越梦想。这么多年过去了，岁月为我注入了越来越多的信心，我知道没有什么项目可以难倒我，因为我有如此多的资源可以利用。今年，当我打开我在格林威治的工作室的门时，我也敞开了我的怀抱，去拥抱一切机会，我在欢迎一切旧友新朋，我要多多联系他们。格林威治是包括本书作者在内的许多家居设计领域工艺大师的家——我期待着能与艺术大师们一起，共同谱写一曲协作新乐章。

Henry fittings and Grove Brickworks transition between modern and traditional, straightforward but not over-simplified.
Waterworks

想象、愿景和生存能力

芭芭拉·沙利克（Barbara Sallick）

算起来已经36年了——这是我和家人合作的时间长度。 最开始是和我的丈夫，接着是和我的儿子，以及和我的同事合作去塑造一个产业，创立一个可持续发展的和受人尊敬的企业，和员工、客户及工厂建立持久的关系，并且设计出令人难忘的物品。多年来，我已经了解到成功的合作是一种真正的艺术。它要求多个参与方和多种个性把他们对问题的独特视角提出来，并且去合作解决问题。他们必须视野一致，开发一种大家都能理解的表达方式去指导创造性过程的实现，并且按部就班地完成工作的各个步骤，克服期间遇到的各种挑战，直到目标实现。

显然，这是一件棘手的工作。我已经发现把所有合作者和所有部分结合在一起的最好方法，就是给出一个有关灵感和目的的清楚的、深入的和坦诚的故事。重要的是，每个参与者都愿意在未来可能要面对有风险的结果的情况下进行投资。对一个合作来说，同时也是艺术上的努力和财政责任平衡的结果。那么需要一种自愿性去设置现实预期，并将其作为预期结果的指导原则，否则很容易偏离原来的轨道。

第一步就是提出一个（或多个）想法。我经常被问及有关一个特别的设计的灵感火花来源于哪里。它来自不同的方面：有时它来自于一张照片，一段经历或者一次谈话；其他时候它可能被潮流时尚、旅行或者放在桌子上的一件物品所激发出来。随机灵感的一个例子就是来自于水厂工作室（Waterworks Studio）设计的洛达斯特跑车（Roadster）配件背后的故事。有一天，在我们位于康涅狄格州的办公室里，我的设计合作者和我正在讨论一位当地医生，本顿·艾格（Benton Egee）的迷人魅力。我们都很欣赏他的好品味，他的漂亮领结和他的所有复古汽车，特别是他的20世纪50年代生产的名爵车（MG）。而当时洛达斯特正在创造中，像往常一样，一件事导致另一件事，我们的谈话促使我们改变初始的方向，上网去搜索细节，并且想象如果让名爵车的设计师设计这些配件，那么他会设计成什么样子。研究的最终结果并不完全是我们最初设想的那样（基本都不是），但是你仔细查看洛达斯特跑车的铭牌和手柄的尺寸时，你很容易从上面辨认出那辆经典汽车的仪表盘和方向盘的影子。

一个精彩绝伦的故事或者灵感是一段伟大的合作的起

对页图：
亨利式五金器件和格罗夫式砖砌（Henry fittings and Grove Brickworks）使得室内格调徘徊于现代和古典之间，简洁但是并不单纯。
——水厂有限责任公司（Waterworks）

点。它定义了需要解决的正确问题，并且它的明晰性足以让参与项目的每一个人——从参与项目的设计师和工程师到制造商和零售顾问——了解我们的目标。讲述一个令人信服的故事允许有关风格和背景的诚实的对话，它为讨论设计提供了话题，并且创造了建立灵感参考点的机会。最终，它将成为有效地把顾客引导到最合适他们的产品上的导航工具。

外部的设计师能带来新想法和专长，当水厂工作室寻求这些来影响新系列配件或新一批配件的创作时，合作者必须对品牌负责，尊重品牌并以品牌的声誉为荣。我们寻找聪明的、专业的、愿意学习新的表达方式，并且像关心自己外表一样关心产品设计工作的设计师。有时候我们找的设计师是众所周知的成手，有时候我们找那些即将突破瓶颈的有实力的设计师。但是无论如何，我们的合作伙伴需要拿出具有成功设计理念的成果来。这一成果应该经得起所有衡量标准的考核。我们需要一起交出一个可行的产品，并且配得上我们确立的品牌。

设计一个卫浴配件对于大多数设计师来说都是一次独一无二的体验。卫浴配件是一个具有功能的、机械的、永久使用的设备，要能够可靠地、舒心的人性化地出水。它也是昂贵的。我们没有犯错的权力，不同于椅子或者窗户，配件不能在下一个庭院旧货销售中简单地折价处理。从制作工具的成本到电镀的容易程度、组装和抛光，所有经济和实际的因素在最终决策的时候都要考虑进去。我们的设计伙伴很快了解到要制造这种要让人使用一辈子的产品，需拥有复杂的模具和工具，它们不仅取得困难，而且造价高昂。为了交出一个可行的能够商业化的产品，妥协经常是设计过程的一部分。

除了外部设计师伙伴，还有别的一些人也参与到工作中，完成那些有驱动力的设计必须要借助他们的专业知识。我们的内部工程师团队把图纸上的线条框架转换成3D模型。产品开发和库存管理交叉团队负责选择合适的工厂，创建线列表、造价表，做预测和下订单。市场营销团队负责把成品推向世界。大家协同工作，一起建立工作计划是一个发现的过程。建立工作计划需要确立正确的产品策略、属性特征、时间表、战略，从而创造质量、价值和产品相关性能足以维持几十年的产品。设计与制造之间的合作可以持续多年，随着时间的推移，牵涉到的合作接触点会变得不计其数。我们最新的一款产品花费了三年多的时间研发。在这一过程中，我们必须放弃一部分想法，重做一部分，并在更多的事情上选择折中。这就是在设计阶段，我们会疯狂地爱上一个想法的原因，不然很难克服来自工业设计、制造和生产方面的挑战，使想法成真。我们的使命是创造一种美，它需要令许多人满意。但是如果装备不能工作的话，再漂亮、美丽、永恒、精致的产品设计也将变得毫无意义。

对页图：
如图所示，电脑效果图显示的是带有十字把柄的亨利式三孔水龙头的结构。

——水厂有限责任公司

This computer design rendering shows the assemble of parts for the Henry three hole faucet set with metal cross handles.
Waterworks

水厂工作室成员合作的最终目标是提供一种强有力的客户体验。明白如何做出正确的选择、创造可能、选择方向，以及在时间和资源的约束下实行计划，就能实现这一目标。我们视设计为一种解决问题和发现新机遇的工具，这是我们推广品牌和一直能满足客户需求的基础。在超过36年的公司内外协作中，我们一直保持虚心的态度，敢冒风险，注重细节，不怕重新校准，直到完全正确，所以我们实现了成功。

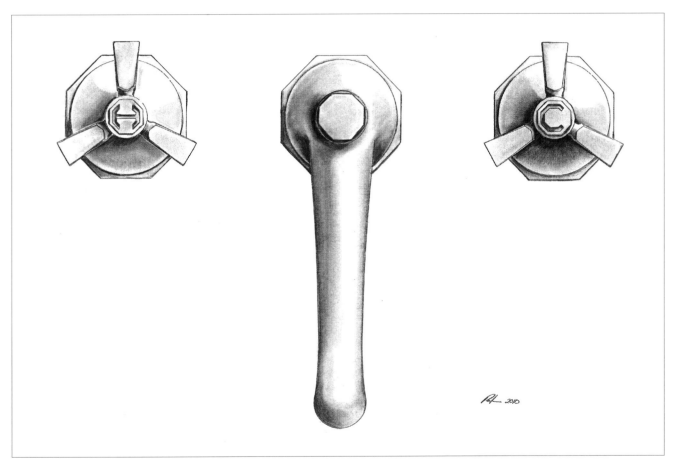

对页图：
研发"亨利系列"产品的创意草图，显示出产品研发思路的发展和进化。由于受到现代主义和工业时代思路的影响，水厂公司生产出了具有圆滑曲线、大理石板光洁度和柚木般光彩的五金配件，既具备现代主义的血统和品质，又有传统的文化永恒传承。

上图：
水厂公司研发"洛达斯特系列"配件的设计草图，令人想起那款流线型复古风格跑车带有八角形刻度盘和其他几何造型的仪表盘。

Students of The American College of the Building Arts in Charleston, South Carolina, learn the traditional time-tested skills of applying plaster and stucco.

学术化试验

威廉·贝茨三世（William Bates III）

二战后，《退伍军人权利法案》(the G.I. Bill) 这样的法案让大学人数有了前所未有的增长，而学徒工和传统职业技术学校的招生人数则开始稳步下降。越来越多的人涌向理想的教育——白领工作——在人们看来，手工艺劳动已经成为一种令人感到耻辱的负面职业。

战后，建筑领域的现代主义者声言应将建筑领域的一切传统的因素逐渐淘汰，如果不想离经叛道，那么确实可以抓住手工业不断下滑这个契机来支持一下他们对美国建筑业所持的观点。现代主义者提倡人们不再需要传统的施工方式和精神食粮般的装饰品。"少即是多。"那些曾奏效的传统方式都将慢慢被市场排挤出去，最终走向专业市场。随着那些了解过时方法的工匠们越来越少，一种自我满足造成的恶果将接踵而至。

我认为，缺少需要比缺少理解更重要。如果你不了解它，那么很容易会摒弃一些重要的东西。没有人能提高那些他们根本就不具备的技能。

理解那些传统方法原理的人越来越少，这推动了现代主义的进一步发展。经过20世纪50年代到60年代的黑暗时代的痛苦挣扎，我未来的朋友亨利·霍普·里德（Henry Hope Reed）和他的一群古典主义者朋友一起在地上竖起了一面古典主义的旗帜，然而它花费了三十多年的时间才获得了美国现代主义者的承认。慢慢地，从20世纪70年代开始，越来越多的人开始意识到手工艺的基础教育正在大规模减少。我第一次看到了一丝希望是在《火狐》系列丛书（the Foxfire Book series）出版时，它将口述历史、民俗和操作方法等内容巧妙地融合在书中。人们开始认识到，如果不把老方法保存完好，我们的文化记忆将随着时间而流逝。在20世纪80年代到90年代间，像是古典建筑艺术研究所（the Institute of Classical Architecture and Art）和一些其他团体，开始立志为这些老古董提供一个安全的避风港，并用他们的技术保存、增强并提升这些传统方法。

我最早接触我们这个组织的前身——成立于90年代末的建筑艺术学院（the School of the Building Arts），是通过学院的创建者。出于对他的想法的好奇，我问他为什么有些职业技术学校只有职业课程。我早期的想法是职业技术学校应提供一些平行课程，包括比例、几何构造、素描、设计和绘图。这些想法和先前任何一个职业人的想法究竟有何不同，不久之后我们就会说到。如果古典主义在每个年代的建筑环境中都扮演着基础的作用，那么建造古典主义风格建筑的工匠肯定是更重要的。他们在掌握那些历史悠久的施工方法的过程中所接受的

对页图：
位于南卡罗莱纳州查尔斯顿市（Charleston, South Carolina）的美国建筑艺术学院（The American College of the Building Arts）内，学生们正在研究那些经历过时间考验的传统的石膏和灰泥使用方法。

教育极其重要，这种重要性可以和从学术及哲学角度出发的对古典主义的留存的重要性比肩。坚持这一观点几年后，将学校转变成四年制的文科大学的想法通过学校董事会的认可，并得以加速进行。这似乎为实现我的想法提供了空间，我和许多其他人一起在这个"文科职业学校"的孵化器中集思广益。一个学术实验初见端倪。

我们因为想要在美国创建第一所获得授权教授建筑艺术的四年制文科学校的意图而走到一起，所以我们也是这么做的。我们带着关注和质疑启程了。

如果学徒这种被人们广泛接受的做法可以让学生对他们的师傅所擅长的手艺了解更多，比如说石雕，这种做法就是真的不错；但在其他方面学徒模式的教学则显得有些不足，比如说在业务技能传授方面。学徒制培养出来的学生对于克服所有工匠的最大弱点是无能为力的。我们能否通过汇聚一群精通各种职业技能和文学艺术的教授将这一风险从学徒教学模式中祛除呢？如果按照文科、语法、修辞、逻辑、算术这样的大学模式来教学，我们能否借助于跟足够多的专家合作以尽量减少建筑领域教学跟其他学科教学的差距呢？

我们能不能培养出全能的工匠，使其不仅能创造手工作品，对周围的环境敏感，同时也可以编写商业计划、具备外语技能，还有想要发掘毕达哥拉斯（Pythagoras）和帕拉第奥（Palladio）之间异同点的敏锐感觉？像是建筑史和手工绘画这些历史悠久却被隐藏起来的知识和技能，现在也几乎不在大学层面上教授的内容是否可以和历史建筑保护、建筑设计和计算机辅助绘图结合起来？我们能否在美国创建一个独特的协作模式，将其用于改变建筑行业技能学习和传承到下个世纪的进程？此外，这种协作模式又将如何改变建筑的构建方式？

在大约18个月的时间里，尊敬的董事会成员、学院的创始教授们，以及管理人员辛勤工作，以寻找回答这些问题最好的方式。首先，要创建一个环境，用于教授学生掌握成为技能全面的工匠的基础——英文授课倾向于建筑，数学瞄准在每天的工作现场的应用，外语旨在满足建筑商跟客户沟通的需要。商务类毕业生要求能写商业计划书，签署发票，并控制工程的平衡收支。在我们对自己的想法进行整理的过程中，2005年的秋天，一个有关如何迎接我们的第一个班级的计划也已经开始酝酿。

这就是美国建筑艺术学院（the American College of the Building Arts）的开始，现在已经十年了。我们当中没人知道创办大学的困难，幸亏如此，否则我们可能就会抨击这个想法，这确实需要有相当惊人的努力、活力和热情。从那以后，我开始推崇这样的观点——美其实并不在旁观者眼中，这一话题我们可以另外讨论，但是在一个能够将事物相互转换的人的眼中，一个精致的手工艺品和一个劣质品之间的不同也就不存在了。差异只是基本性的。我们正在从事的工作是培养一群能理解差异而且识破现代主义神话的人。我想学院的发展像任何从未停止发展的事物一样，仍会继续进步，但我们那些最初的想法确实非常鼓舞人心、非常了不起。

反思过去十年的教书育人过程，意识到这点其实很容易。我们的学生渴望学习的东西在美国过去的几十年中还没有被教授过，也从来没有在四年制大学中教授过。我们渴望实现跟普通大学一样的招收率。对于一所私立非盈利大学来说，要满足现有社会需求，让每个人获得教育，无论如何，经事实证明是一个巨大的但又是必要的工程。当请求某人提供经济支持时总会被问到："为什么这很重要？"在这个时代，很少有人是在有灰泥墙的房子里生活的，不过，在听到人们说他们是住在石膏墙的房子里的时候，我总是很惊讶，其实他们的房子的墙面铺的是石膏板。他们会问："那有什么区别吗？"我会赞扬手抹的石膏的绝缘性、防火性和耐霉菌性能，以及手工抹灰墙的触感和细微处柔和的视觉体验。在这个时代里，很少有人知道锻铁，我总是惊讶地听到谁认为他们见过锻铁，而事实上，尽管他们说到的东西是黑色的，但那些东西实际上是压制过的铝材。他们会问："有什么区别？"我会赞扬手工锻铁的结构和物理外观之美胜于那压制过的铝，以及其在机械压制过程中产生的平常的纹路，还有生产过程中所产生的对环境十分不利的高能耗。随着大学的发展，我们培养的学生中有人已经能够区分手工石刻工艺品和压制石制工艺品之间的区别。不过，一旦人们看到学生们喜人的成果，他们不仅不会再问差别所在，甚至还会向别人热情地阐述之间的差别。大学教育的目标之一是修缮和保护古代住宅。南卡罗来纳州的查尔斯顿（Charleston, South Carolina）就是一个活生生的例子，在那里我们可以看到建筑环境是如何不断受到破坏的，那里是学习和应用那些历史悠久的方法的好地方，那些方法可以有效地保护该城和其他有历史意义的重要城市。然而新建筑已经证实是大学伟大的盟友，他们一起受到世界关于我们环境方面越来越多的关注。传统的施工工艺不仅保证了工程质量，因为它们可能是最环保的那种绿色工艺，也为我们的毕业生提供了更广阔的舞台来施展他们的技能。由于住宅赞助人是坐享古代工艺和工匠劳动成果的人，所以在受过教育的客户、受过教育的设计人员和受过教育的工匠间建立良好的关系，比我们所做的任何事都能更好地保证这些方法留存下来。

大学的创办是建立在理论与实践、工艺和文学艺术的融合之上的。这不是保守的把各种技能汇聚起来。我们教会学生与同行、客户和设计团队合作的重要性。用这种方式，我们可以通过使用传统的建筑方式来促进古典主义，手段与目的是统一的。没有人能提高他们不具备的技能。此外，我要说的是，本书前面所写的多篇散文是非常有价值的，这不仅是对我们的学生而言，对于那些喜欢建筑艺术的人们也同样如此。

PART II
项目

133 **海岸居所** / 奈杰尔·安德森，ADAM建筑设计事务所

137 **阿罗·约锡科峡谷别墅** / 阿普尔顿联合建筑设计事务所

141 **夏日隐居处** / 詹姆斯·F.卡特建筑设计事务所

147 **长木农场** / 柯蒂斯和温德姆建筑设计事务所

153 **法国外省家居** / D.斯坦利·狄克逊建筑设计事务所

157 **希腊式仿古联排别墅** / 弗兰克和罗森建筑设计事务所

161 **美国早期联邦式住宅** / 艾伦·格林伯格建筑设计事务所

165 **山区住宅** / 哈莫迪建筑设计事务所

169 **黑白屋** / 艾克·克莱格曼·巴克利建筑设计事务所

175 **自营农场** / 弗朗西斯·约翰逊与合伙人事务所

179 **古典主义风格的联排别墅** / 里德巴赫和格雷厄姆建筑设计事务所

185 **圆点农场** / 约翰·米尔纳建筑设计事务所

191 **新农场** / 约翰·B.莫雷建筑设计事务所

197 **博科斯伍德住宅** / G.P.谢弗建筑设计事务所

203 **古典主义仿古风格的联排别墅** / 安德鲁·司格曼建筑设计事务所

207 **帕拉第奥式别墅** / 乔治·索米里兹·史密斯，ADAM建筑设计事务所

211 **寇沙住宅** / 史密斯建筑集团

217 **克里奥尔殖民地式建筑** / 肯·塔特建筑设计事务所

223 **纽汉住宅** / 拉塞尔·泰勒建筑设计事务所

227 **金汉农庄** / 昆兰和法兰西斯·特里建筑设计事务所

231 **玫瑰溪庄园** / 瓦迪亚建筑设计事务所

237 **法式乡村住宅** / 彼得·齐默尔曼建筑设计事务所

海岸居所

英国，汉普郡（HAMPSHIRE，ENGLAND）

奈杰尔·安德森（Nigel Anderson）
ADAM 建筑设计事务所（ADAM Architecture）

这所房子位于英格兰南部汉普郡（Hampshire）海岸线附近的蟠龙（Beaulieu），在它旁边就是可以欣赏到从索伦特海峡（the Solent）到怀特岛（the Isle of Wight）全景的私人海滩。在不到 30 年的时间里，这已经是此处建立起的第三所住宅了，它取代了原有的一个不伦不类的建筑，并对这个令人印象深刻的地方做出了一些美化的贡献。

业主们想要一个舒适且不拘束的家，并且希望这些美丽的景色和永不改变的气候条件也都能被充分利用起来。这一设计的灵感是将由约翰·纳什（John Nash）设计的平原别墅和后来工艺美术运动（the Arts and Crafts movement）的"花蝴蝶"计划融合在一起。前者营造除了一种轻松的氛围，并承认其他在南部海岸沿岸发现摄政时期的海滨建筑风格。后者则允许大部分主要房间有三个面。房子四周是一系列温馨的乡村花园，可用于一天中的不同时间，也可以在天气不那么温暖的时候提供一个躲避强风的场所。

一楼内部有一系列可以自由流通且相互连接的生活空间，其间只有少数的几个门隔开。正房面对着海滩和索伦特海峡。大面积的玻璃窗将室内外的空间融合到一起，也让视野得到延伸。两层的食堂是两层建筑的连接枢纽。圆形楼梯的大厅里有悬臂石头楼梯和穹顶天花板。楼梯的远处是屋顶和可以坐着的舒适的观景台。

房子的主人是英国最大的建筑公司之一的首席执行官和他的妻子，他们以前曾在加勒比海岸，还有英格兰南部海岸的其他地区建造过房屋，所以他们深谙打造这样一个家所需要的设计水平和细节。他们有信心也有经验自己来完成室内设计。他们在室内设计的时候和建筑师密切配合，在设计一系列的花园时则和著名的园林设计师科尔文（Colvin）和莫格里奇（Moggridge）密切配合，这些植物足够强大，以至于能在这种海上环境中茁壮成长。

奈吉尔·安德森在传统建筑和古典建筑方面有超过 30 年的经验，并且因为他的新型郊区住宅和高质量的住房计划而众所周知。他在 1988 年加入了在温彻斯特（Winchester）成立的 ADAM 建筑设计事务所，并且在 1991 年成为了一位主任。他在涉及为私人客户和企业地产开发者办理业务的大量项目中发挥了重要的作用，这些项目包括从历史建筑的整修和翻新到英国各地建筑的主要计划。他现在在全国各地已经实施了多种多样的已经完成和正在建设的项目，并且他所设计的新型住宅的优越性已经得到了许多本地和国家奖项的认可。

"我发现,在进行每一项计划时,如果先在画板上将需要一起合作和交流的人的名单用铅笔简单写下来,会是一件特别让人兴奋的事情。"

奈杰尔·安德森

阿罗·约锡科峡谷别墅

美国，加利福尼亚州，帕萨迪纳市（PASADENA , CALIFORNIA）

阿普尔顿联合建筑设计事务所（Appleton & Associates）

这种谦逊的、看似简单的意大利乡村别墅既适合南加州地区也适合其山区部分，也为房主提供了他们似乎想要达到的简洁浪漫的最佳平衡状态。

别墅建在了一个陡峭的斜坡边缘的一块三角形地带，这着实是一个能考验设计者总体规划和结构工程能力的优秀基址。然而，随着所有者的投入，建筑师马克·阿普尔顿（Marc Appleton）能够最大限度地提升每寸土地，同时充分利用下面满是橡树的峡谷和上面山丘的壮观景色。

房子总共三层高，按照计划，房子的立面是微微凸起的，这样主房间就可以有一个能看到主要风景的露天阳台。这一向内的计划也让房子每个尽头都能看到峡谷上下的风景。房子的南侧或凸起部分是由中央石阶支撑的，塔附带着厨房和家庭居室外的凉廊，通向了一个小花园和游泳池。按照协议房子有 2,000 平方英尺。

精心完成的内部装饰兼容了加利福尼亚州普莱因空气绘画、传家宝和几件新家具，这其中包括出自已故家具制造者萨姆·马鲁夫（Sam Maloof）之手的桌椅，他和屋主以及建筑师都是朋友。

建筑材料都是"出土的"，其中包括修缮过的意大利陶土屋瓦、色彩浓厚的玫瑰粉刷灰泥、旧的手凿梁，以及做旧了的木质地板。这些完成后，加上精心的工艺和着眼于地中海建筑的细节，再现了意大利山坡别墅既简单又复杂的感觉。

这家屡次获奖的公司是由马克·阿普尔顿在1976年成立的，并且在加利福尼亚州的圣塔莫尼卡（Santa Monica）和圣芭芭拉（Santa Barbara）都有办公室。公司专注于同时为私人和公共客户提供包括定制住宅、机构和商业项目在内的计划、设计和景观美化。这些项目包括对现存建筑和新建筑的补充、整修翻新和适应性再利用。马克是自 1991 年《建筑学文摘》（Architectural Digest）创立以来，被连续提名为《建筑学文摘》顶尖 100 位设计师的八名设计师中的一位。

"虽然建筑行业的参与者有很多,但我们认为跟客户的合作是最重要的。一所完美房子的建造有赖于各个方面合作者的充分参与。"

马克·阿普尔顿

夏日隐居处

美国，北卡罗莱纳州，卡希尔斯（CASHIERS, NORTH CAROLINA）

詹姆斯·F. 卡特建筑设计事务所（James F. Carter Architect）

夏日去北卡罗莱纳州凉爽的蓝岭山脉（Blue Ridge Mountains）度假，已经是南部地区人士多年来的传统。在美好的童年记忆中对该地区最初的描绘也推动了当地旅游业的发展。游客们非常喜欢这一地区世代相传的古老房屋，陶醉于随之而来的那种家庭历史讲述和因之而激发出来的对传统的感情。

从主干道出发，穿过一个木桥，沿着蜿蜒的砂石路可以到达房子周围。场地工程工作室（Sitework Studios）的景观建筑设计师斯蒂芬·李·约翰逊（Stephen Lee Johnson）在设计中采用大量当地的景观植物和精心摆放的巨石，从而让建筑能在视觉上和周围的自然环境融合。房子坐落于一个山顶，但又在山脊中，以免独霸山头。外部材料有再生木材、树皮壁板，以及石头饰品，都尊重了当地的建筑风格，让房子在建成后随即具有一种归属感和沧桑感。

设计的理念是"酒瓶装新酒"。这座谷仓是一个很大的两层普通建筑，其特点是暴露在外面的木结构框架，用灰泥填充，朝南的凸窗，地上铺的是再生的宽条木地板。相邻空间围绕的是穿过这个空间的东西方向的主轴。房间的开口和几个交叉轴上的窗口让人们能从多角度看到远处的山峦，也让房间充满了自然光。成品楼层的变化和不同的天花板高度让房屋保持了适当的规模和比例，从而增加了空间体验。

室内装饰师简·霍克·拜纳姆（Jane Hoke Bynum）曾与房主一同寻求合适的家具，将"精细"和"不那么精致"融合在一起，营造出一种淡雅、随性的优雅。

1996年，在跟本地一些资深建筑设计师合作，积累了相当经验后，詹姆斯·卡特（James Carter）在阿拉巴马州的伯明翰市（Birmingham, Alabama）开设了自己的事务所。该事务所设计的古典主义建筑风格被业界描述为"优雅"（easygrace），设计理念和手法受到当地的古典主义建筑影响，借鉴了那些能够适合房主生活模式和个性的历史上的既有范例。具备丰富细节、手工打造的图纸，以及詹姆斯个人对设计进程的亲自介入，显示出事务所一贯的亲力亲为精神。该事务所的项目遍及整个美国东南部，远抵马萨诸塞州。

"对我来说,合作就是充满激情地并肩战斗。我喜欢跟有才华的人一起工作,他们能给一个项目带来新思路和有用的经验。我认为,来自不同视角的观点有助于帮助设计师保持其设计水平不落伍并不断发展前进。"

詹姆斯·F.卡特

长木农场

美国，德克萨斯州，查普尔山（CHAPPELL HILL , TEXAS）

柯蒂斯和温德姆建筑设计事务所（Curtis & Windham Architects）

在德克萨斯州山区边缘，林地里的一所古香古色的建筑和旁边的小河很快就吸引了客户的注意，客户想将先前的马场改成一个家庭休闲娱乐场所。柯蒂斯（Curtis）和温德姆（Windham）着手创建一所既能抓住当地建筑风格，又能显示英国公园风景精神的房子。心里有了这个想法，紧接着，这个房子的设计和建筑就将在这个理想化建筑理念的指导下进行。柯蒂斯和温德姆的景观建筑工作室随机展开了相关的调研。

在建筑学上，这所房子看起来就是一片风格简单的、有山墙的，还带着两段大小相同的厢房的聚合体。农场建筑不同部分高度的差异和分层次的结构源于基址海拔高度的不断变化，直到前院的花园部分空间才豁然开朗。房子的主体建材是滚磨的德州路德斯石灰石（Leuders limestone），上面又粉刷着一层薄薄灰泥外衣，让其有一种久经沧桑和永恒不变的感觉。旁边次要的厢房覆盖着木质墙板，与周围的山村农舍相呼应。整个建筑的外墙统一粉刷白涂料，屋顶是木结构的。

房屋内部，依靠规模、比例和细节的变化营造空间层次。为了配合房子的高度，大厅被设置成尽可能大的空间，特点是非常秩序井然。次要房间的陈设细节趋向与地区资源更契合的简单化。建筑商 R. B. 拉特克利夫（R. B. Ratcliff）和其合伙人精心制作了当地的风俗模型和家庭内部的木工产品，用于室内陈设。房间内的油漆和粉刷采用偏亮的中性色调，由德高望重的米拉姆联合公司（Milam & Co.）实施，抹灰则是由托宾和罗尼工作室（Tobin & Rooney）负责的。大厅故意使用了一些做旧了的外露接头，并设置了一些不完善之处，以便为建筑带来一种历史感，从而表证尽管建筑重新改进了，但它仍然是用于非正式聚会的空间。考虑到当地的独特风俗和对英国文化的认同，吉格·巴伯（Ginger Barber）在挑选家具时在风格方面进行了响应和协调。

在第 6 页可以找到关于这个项目的更多图片。

自从 1992 年比尔·柯蒂斯和拉塞尔·温德姆首次合作之后，他们就发现彼此在传统建筑方面有很多共同爱好，他们都喜欢在传统样式建筑中综合对于建筑史的深深的敬仰、对传统经典细节的广泛了解，尽管他们设计的最有名的作品是一座位于休斯顿郊区的、在全美国有竞争力的工厂。比尔和拉塞尔都是美国全国闻名的设计师，并且分别获得过许多建筑设计奖项。

"要想在项目设计中实现具有平衡性和统一性的系统整合,没有建筑设计师、景观设计师和室内设计师的通力协作,而完全靠任何一个方面的力量都是很难实现的。"

比尔·柯蒂斯和拉塞尔·温德姆

法国外省家居

美国，乔治亚州，亚特兰大市（ATLANTA, GEORGIA）

D. 斯坦利·狄克逊建筑设计事务所（D. Stanley Dixon Architect）

有时想要让一所具有相当长历史的房子适应现代家庭生活需要完全重新考虑其设计。但是这并不一定意味着在这个过程中房子要失去它的灵魂，事实上，有时它可以重获灵魂。这所家庭住宅坐落在亚特兰大最优雅的街道之一的一个显要位置。委托任务是要取代20世纪30年代建的原始的房子，这个房子已无法修复。想要在这个环境中设计一所新的房子，并且能很容易地和当地环境融合，这需要很大的耐心和仔细斟酌，同时也是对这个建造完好的街道所做出的贡献。

外墙面是雕刻石灰石、整体彩色粉刷墙、木屋顶和精细处理过的门窗的和谐统一体，所有建材的精细加工都是在比利时完成的。结果，一所20世纪20年代到40年代间风格的卓尔不凡的复古建筑在临近街区被和谐地竖立了起来。

设计是简单的，但布局设置上很正式。建筑物种包括四个部分，分别是大客厅、主屋、车库和后花园亭子。这些被分隔开的不同部分，由有顶棚的走廊和围墙相连接，使得建筑的实际尺寸变得不是那么容易分辨。

古典主义的装修理念贯穿整个房子，以此来营造出室内空间深远、清晰的感觉。每个房间的门、窗的规格，天花板的高度都不同，这样做是为了在房间中营造出一种令人愉悦的平衡，巧妙地诠释了空间的层次结构。内饰设计简单、内敛，典雅的比例具有法国和比利时式装修的特点。不时呈现出来的精妙细节总能给人带来惊喜。

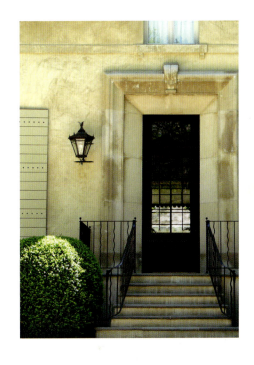

斯坦利·狄克逊是乔治亚州亚特兰大的一名建筑师，擅长传统建筑风格的建筑设计，其中也蕴含了低调的优雅。他的公司成立于2005年，致力于设计符合历史的规模和比例又具有现代居所特点的项目，同时也很热衷于现代派设计。对环境元素的尊敬和认识，以及对风格合适性的强调，这些都是斯坦利设计中能发现的根本因素。该公司对于那些在美学和功能上经受住时间考验的先例具有一定的敏感度。

"我们认为每一个项目都能为我们提供进行高品质设计同时为客户服务的独特机会。在将图纸转化为实物的过程中，我们意识到最终建成的'家'是在建筑设计师、客户、工程人员和客户代表的共同努力下完成的。就我们自身来说，其中最重要的因素是，自身要努力工作并热爱自己的工作！"

斯坦利·狄克逊

希腊式仿古联排别墅

美国，乔治亚州，萨凡纳市（SAVANNAH , GEORGIA）

弗兰克和罗森建筑设计事务所（Franck & Lohsen Architects）

2009年，这座初建于19世纪50年代的希腊式仿古市政厅却连同后面的本来由马厩改成的房子一起变成了一套公寓，地下室部分从主建筑中被分离出去作为他用。房子里大多数原汁原味的东西都被剔除了，这就导致除了加上一个压制过的木质平台外，室内设计十分平淡，预期的事几乎都没做到。

2012年一买下这处房产，新主人就开始与位于华盛顿特区的弗兰克和罗森建筑设计事务所的迈克尔·弗兰克（Michael Franck）一起开始进行大规模的内部修缮与重建。在此期间值得细说的是其中包括了一系列新的希腊仿古风格柱屏，还有两个新的希腊式仿古壁炉。这些新的建筑元素重新召回了原来房屋的历史特征，使用的古希腊仿古元素同19世纪50年代建造时的样式都是相同的。虽然很久之前原有的器物的细节要简单得多，但业主和建筑师合作创造出了一种比原有建筑更精致的内饰。而且在一定规模和程度上以手工改善原有建筑也是在向原来的房屋致敬。房屋内部被主人装饰得很有品位且十分恰当，古典风格的灯具颇具历史色彩，大小合适的家具都配有主人游学期间私人收藏的新型装饰面料。

完成了内部的整修，新主人紧接着开始对花园进行了彻底地改造。工作局限在200平方英尺的院子内，保存了现有的双层平台。新的园林设计确保主人在白天和晚上均能在此处进行娱乐活动。

在第130页可以找到关于这个项目的更多图片。

作为著名的阿瑟·罗斯建筑奖（Arthur Ross Award for Architecture）2011年的得主，弗兰克和罗森建筑设计事务所专门从事古典风格的建筑和城市规划设计。该公司由迈克尔·M.弗兰克（Michael M. Franck）和阿瑟·C.罗森（Arthur C. Lohsen）创建，他们在华盛顿特区的公司已经因其风格高雅、具有永恒价值的设计而闻名，所操作的项目对于特定建筑和当地社区往往具有特别的历史意义。该事务所的项目遍布全美国，远至意大利和英格兰，他们的工作展现出了对传统方法和现代情感的全面复杂的融合。

"在我探索一个能够影响下一次决定的极限的过程中,我结识了一些能够欣赏、信仰节制的古典美学,并且对自己的这些想法有自信的人,我觉得跟他们在一起合作非常令人开心。"

迈克尔·弗兰克

美国早期联邦式住宅

美国，德克萨斯州，休斯顿市（HUSTON, TEXAS）

艾伦·格林伯格建筑设计事务所（Allan Greenberg Architect）

休斯顿美丽的橡树河（River Oaks）居住区以其绿树成荫的街道和各种传统建筑，创造了一个建新房子的理想场所。这是一个能让居民受到鼓舞的地方，因为这里无可挑剔地保留着一些经典建筑，也新建了一些建筑，在这里创建一个新家是一种荣幸，也是一件让人高兴的事儿。在设计上有三方面的挑战：设计一个漂亮的房子，选择一片靠着好邻居的宅基地，并说服客户接受。

这所房子是专为一个喜欢搞娱乐活动的五口之家而设计的。房子有开放式门廊、前院和后院，以及占据整个一楼的大型法式门，这些都是能使得室内外实现很好的连通并方便聚会的设计。主客厅的不同房间之间通过很壮观的拱门相互连接起来，让客人可以轻松连续地在房间之间行走，或是到户外去。

这所房子的飞檐在规模大小上很相似，但在细节上有些许不同。吊顶上的装饰物和覆盖物也是如此。圆柱、楣钩和框缘这些建筑元素都涂上了明亮的白色，但所有的墙壁和天花板都很粗糙。房间里的颜色很柔和，但仅限于蓝色和白色，在饭厅可能会有纯白色或黄褐色出现，或者在厨房里会有一片不寻常的绿色阴影。地板是法国白橡木材质的，宽度从9英寸到20英寸不等。房子被设计成可以用来展示主人搜罗的美国绘画、雕塑和其他纸质艺术品。面临的挑战是需要在各处都采用恰当的光线强度来提升不同尺寸和特点的作品的展示品质。

以前建在这儿的房子也有一个维农山庄（Mount Vernon）式的门廊。建筑设计师艾伦·格林伯格选择再次使用这个备受推崇的特色建筑物，他相信建筑保持风格的正式在某种程度上来说对邻居是很重要的。不寻常的大窗户和高高的法式门赋予建筑人类所需范围内最大程度上的宽敞度。光滑的釉面白拱廊将住宅和车库连接起来，并且按照计划房屋还会配建一个有小围栏的花园。

关于这个项目更多的图片可以在第1页找到。

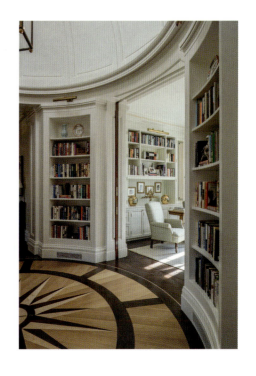

艾伦·格林伯格（Allan Greenberg）于1972年建立了他的事务所，该事务所目前在格林威治、纽约和华盛顿特区设有办事处。因为善于将当代建筑技术和最好的建筑传统结合起来创建出兼顾永恒价值和技术进步的解决方案，该事务所获得了极高的国际声誉。艾伦的文章、教学和演讲都对古典主义建筑的学习和实践产生了很大的影响。在2006年，他成为了第一个被授予理查德·H.德里豪斯奖古典建筑奖（the Richard H. Driehaus Prize for Classical Architecture）的美国人。

"建筑设计师工作的关键部分是跟你的建筑承包商、转包商和工人频繁地打交道。他们富于创造力的团队实力，以及项目的高质量审美效果，只有在大家紧密协作的情况下才能实现。"

艾伦·格林伯格

山区住宅

美国，西弗吉尼亚州，白硫磺泉镇（WHITE SULPHUR SPRINGS, WEST VIRGINIA）

哈莫迪建筑设计事务所（Hamady Architects）

这片15英亩的土地坐落在一个山脊尖上，这片土地三面都在陡峭的山坡上，形成了一个半圆锥形。 在西面有一条坐落在山脊上的私路，将游客带到了山的深处，游客在此处，对北边、东边和南边山谷的景观都能一览无余。虽然这里有富有戏剧性且壮观的景色，但是当地的地形和展现出的通道都为设计一个带有可供车辆使用的前院、室外露台和车库的大房子提出了挑战。

为了保持这里和周围的景观之间和谐的关系，建筑设计师卡希尔·哈莫迪（Kahlil Hamady）提出了一个设计方案。该方案要求对山顶进行开凿，将房子镶嵌进凿出的山洞里，手工制造那些可以激发出人们灵感的不同形状的建筑配件，最终在人类能力所及范围内给这片土地加上一个冠冕。这一设计的本意中开凿山洞是建筑的基础，其中还带有对自然形式和传统建筑工艺流程的敬畏，这种感觉贯穿在该处的公共和私人空间建设中。最公开的空间——客厅，位于这一设计项目的中心位置，它将一个南北走向的轴上的草坪露台和北边的一个可以俯瞰山谷和突出的门廊的位置连接起来。客厅中有位于侧边的壁炉，壁炉朝向南边，突显出这间房子和周围景色的关系。

除了对自然元素的利用，这所房子对主人来说也是一个以建筑元素结构的具有文化意义的港湾。拱形的支架激发了人们对于火车站的想象，这对于业主的家人来说是很熟悉的。尽管地形富有挑战性，但房子最终为它的主人提供了一个适合他们文化身份而且自然风景丰富的和谐居所。

虽然房子正在修建当中，工程管理者彼得·马洛耐克（Peter Maraneck）却突然离开了人世，他同时也是一个杰出的工匠。作为一个诠释建筑设计师与工匠之间关系的重要例子，建筑设计师哈莫迪希望能够用他的名字来为本书增光添彩，以此来纪念哈莫迪对彼得的美好记忆。正是许许多多像彼得这样的工匠帮助建筑设计师们完成了他们的设想。

哈莫迪建筑设计事务所由卡希尔·哈莫迪在1997年创立，该事务所曾在美国、欧洲和黎巴嫩等地的城市和乡村实施过住宅设计，并协助客户制定全面、权威的工程计划。该事务所在制定计划时，注重根据建筑、风景以及内部装饰之间纠缠的相互关系进行项目研发。卡希尔的设计植根于对大自然深深的敬意以及对每个项目的特定文化背景的省察，此外，他也很注意遵循那些具有历史性的、经历过时间考验的指导性原则。以波士顿为基地的哈莫迪事务所是一家在很大程度上依赖包括手绘图、图示和绘画等在内的传统设计方法的设计公司。

"建筑是一种文化创造。建筑的成功取决于各个协作方——投资人、工匠、室内设计师和建筑设计师——的技能、才华、知识和天赋的充分发挥。"

卡希尔·哈莫迪

黑白屋

美国，康涅狄格州，格林威治（GREENWICH，CONNECTICUT）

艾克·克莱格曼·巴克利建筑设计事务所 (Ike Kligerman Barkley Architects)

2007年，黑白屋在一个斜坡上完成了建设。黑白屋是一座与周围景观相协调、能满足现代家庭生活特殊需要，并创造性地遵循了18世纪瑞典建筑传统信条的建筑物。该项目由建筑设计师乔尔·巴克利（Joel Barkley）领导的艾克·克莱格曼·巴克利建筑设计事务所设计实施。该项目的设计是从一趟国际旅行开始的，巴克利首先去瑞典旅行，参观了乌普萨拉的林奈博物馆（Linnaeus' Hammarby）、卡罗勒斯·林奈（Carolus Linnaeus）的避暑别墅以及科学家之家。林奈住所是由三个建筑物构成的，每一个建筑都位于中央花园的边缘。建筑风格简朴，色调简单，强调比例的优雅，属于典型的北欧风格。

有了这些理念作为设计原则，巴克利开始为这个房子的委托方——一个年轻的，正在不断成长扩大的家庭创建一座房子，这是一座主要用于居住的房子。他将院落设计成变形的"L"形，这样当人们乘汽车进入院子时会产生一种该处有两个庭院的感觉，这也是房子前庭的一个引人注目的地方。前庭通向前门外的家庭花园和平整草坪。建筑的黑白色是为了营造色彩分明的效果，这早在设计阶段就已经确定。脑海中留存着对林奈住宅的印象，巴克利和委托方不约而同地想到了一幅带有白色窗户的黑色谷仓的景象，那正是瑞典乡村的常见的建筑。他们决定效仿瑞典乡村建筑的用色方法，以此为房子的侧面打造醒目的外观，基于同样目的的设计还有高达40英尺的尖顶。然而，色调在庭院另一侧却被翻转过来，当有人接近这个房子时，会感受到白灰色所营造出来的温馨气氛。

在内饰方面采取了更加现代化的设计方案：走廊被淘汰了，房间是一个个并排设置的。入口的大厅里有壁炉和主楼梯，成为了舒适的活动和运动的中心。所有内部装饰中都使用了木板，这些细节的设计灵感都是来自于乌普萨拉的内部设计。用色是巴克利和室内设计师亚历山大·汉普顿（Alexa Hampton）一起选择的，采用了那种瑞典乡村风格的既光彩夺目又让人感觉亲切的色彩。

关于这个项目的更多图片可以在第38、41、42和43页找到。

艾克·克莱格曼·巴克利建筑设计事务所是一家以纽约和旧金山为基地、从事建筑设计和室内装修设计的事务所。该事务所善于突破历史传统和风格，努力通过优秀的设计来提升人类生活品质。该事务所不仅从事民用建筑设计，偶尔也承担一些关注度较高的公共建筑设计。在他们长达25年的事务所历史中，该事务所在美国各地以及世界上的其他很多地方设计了众多的建筑，获奖无数，其中包括美国建筑设计师协会纽约分会奖（the AIA New York Chapter Award）、装修和室内设计明星奖（the D&DB Stars of Design Award）、古典建筑艺术学院朱莉娅·摩根奖（the ICAA Julia Morgan Award），以及自1995年以来多次入选《建筑文摘》百强事务所榜单。

"适用于一座房屋的独特规则很少还能适用于其他建筑。最好的设计应该是从里到外而且从外到里都协调统一的，也就是室内设计、建筑设计和景观设计这三种'姐妹艺术'的协调统一。"

乔尔·巴克利

"人们经常误入歧路，以为古典主义建筑最后呈现出来的效果就是公式化或者缺乏特色的。实际上的古典主义建筑并非如此。它们相互之间差异很大，每一个都是个性化的，而且随着时间的变化而变化。"

亚历克莎·汉普顿

自营农场

英国，约克郡（YORKSHIRE, ENGLAND）

弗朗西斯·约翰逊与合伙人事务所（Francis Johnson and Partners）

这所位于哈特福斯（Hartforth）的新房子，大量沿用了美国乔治亚州风格的约克郡式建筑的传统。像威廉·肯特（William Kent）、詹姆斯·潘恩（James Paine）和约翰·卡尔（John Carr）等建筑设计师的设计都是这种风格的。这种建筑模式在19世纪早期取代了毫无建筑优点的简单石头农舍，成为了美国房屋结构新样板。但是与它毫无特点的前身不同，这所房子用当地的砂岩打造出了完美的比例，这也是这所房子在其所在的花园景观中所以引人注目的地方。

这个新房子是两个立面。灵感来自已故建筑设计师弗朗西斯·约翰逊（Francis Johnson）所画的草图，草图完成于1943年，是为了打发应征参加第二次世界大战前的时光而画的。北边面向农场的立面是普通的帕拉第奥风格（Palladian style），而南面的立面朝着公园，是哥特式风格（Gothic style）的。后者证明了一个事实，即在19世纪早期所有土地上建造的附属的农场建筑都采用了哥特式的造型。

这幢独特的新房子是由迪格比·哈里斯（Digby Harris）设计的，设计借鉴了大量的历史先例，总体设计是借鉴建筑设计师罗伯特·泰勒爵士（Sir Robert Taylor）在18世纪设计的非常受欢迎的乔治亚风格的庄园。哥特式的外观特点在一扇S形窗上得以体现，在建筑的一面窗外可以看到一条小运河一样的池塘，和主建筑搭配构成一个完整的弓形，这会让人想起诸如位于英国中西部的康格瑞夫堂（Corngreaves Hall in the West Midlands）这样的老房子。还有其他从巴蒂·兰利（Batty Langley）出版于1747年的开创性著作：《哥特式建筑：增大规模和比例》那里得来的因素。帕拉第奥式的正面格调是由一个开在墙顶的戴克里先式窗口（Diocletian window）主导的，它为房主提供了一个高架的平台，从上面可以观察哈特福斯庄园的进出情况。

弗朗西斯·约翰逊与合伙人事务所于1937年在约克郡由已故的弗朗西斯·F.约翰逊（Francis F. Johnson）建立。他被认为是英格兰最杰出的古典主义建筑设计师之一。现在由高级合伙人迪格比·哈里斯（Digby Harris）和马尔科姆·斯塔（Malcolm Star）执掌，后者也是最知名的乡村别墅设计师，尽管他们也设计更小的房屋和村舍，以及商业建筑和室内装潢。这种做法已经让他们在多年来获得了无数的奖项，其中最近的一个奖项是2009年的贾尔斯·沃斯利奖（Giles Worsley Award），获奖项目是为乔治亚集团（the Georgian Group）设计的一座乔治亚风格的新建筑。

"客户和建筑设计师在所有方面都意见一致的情况是非常罕见的,但这种情况一旦发生,就会使得工程变成最令人高兴的工作,造就一所让所有人都引以为自豪的建筑物。"

迪格比·哈里斯

古典主义风格的联排别墅

美国，伊利诺斯州，芝加哥市（CHICAGO, ILLINOIS）

里德巴赫和格雷厄姆建筑设计事务所（Liederbach & Graham Architects）

这处房屋坐落在林肯公园（Lincoln Park）里，该街区附近以其不拘一格的建筑网络而被众人所熟知。建筑师里德巴赫和格雷厄姆设计的这所住宅完美地融合进了周围环境。为了实现这一目的，他们想要打造一所即使是建在伦敦更加时髦的街道和广场旁边也毫不逊色的乔治亚风格的建筑。在这所房子上，相对简单朴素的乔治亚式造型为活泼的勒琴斯式（Lutyens-inspired）有着开口山形墙的入口所弥补。入口上方，两个铁支架轻轻地托住一个英国式灯笼并照亮了气窗，这一设计的灵感来自于18世纪晚期的建筑师罗伯特·亚当（Robert Adam）的类似设计。

粗石灰石的地基和入口是由庞大的石灰石块砌成的。第二和第三层砖石是由手工制作的托斯卡纳（Tuscan）红砖建造的，和黑色露头砖一起按照法式砌法砌在一起。每块砖都经过特别的检查，以便确保砖与砖之间是密合无缝的，也不需要为了配合对单块的砖进行切割。在建筑中的其他地方则使用简陋的芝加哥普通砖，这几乎使得它们立刻就因跟芝加哥这个街区的这所建筑的联系而变得光彩夺目。

客户希望家里内部的私人区域能够体现出他们家族的冒险精神。这方面的核心设计是建筑设计师里德巴赫和格雷厄姆与著名的室内设计师史蒂芬·加姆布莱尔（Steven Gambrel）配合完成的。设计将粗犷又不失精细的室内设计和古典主义建筑融为一体，在色彩、细节和室内装饰上都有非凡的意义，其呈现效果就像是一对时尚的年轻夫妇搬进了一座18世纪的伦敦排屋。在整所住宅中，房间比例都是经过精心计划、剪裁的，避免让任何一个空间给人留下太大的感觉。这种亲密和庄重的气氛是通过将天花板的高度与当代乔治亚风格的建筑细节（如楼梯、石膏角线、木镶板和护墙板）的精心组合来实现的。

在第23、44、47、48、49页上可以看到这个项目的更多图片。

从学校毕业后一直是朋友的R.迈克尔·格雷厄姆（R. Michael Graham）和菲利普·J.里德巴赫（Phillip J. Liederbach）于1991年创立了里德巴赫和格雷厄姆建筑设计事务所，以实现他们长期喜爱传统、乡土与古典民居建筑的旨趣。这对合作伙伴在学习建筑先例的规范上都有极大的热情，并且也有热情将这种鉴赏能力应用到一些类型相似的新建筑上。菲利普和迈克尔一直故意让他们位于芝加哥的设计所占据很小的空间，以营造出一种有利于客户、室内设计师、景观设计师和工匠之间深思熟虑的合作氛围。这在整个创建过程中都是最为根本的因素。

179

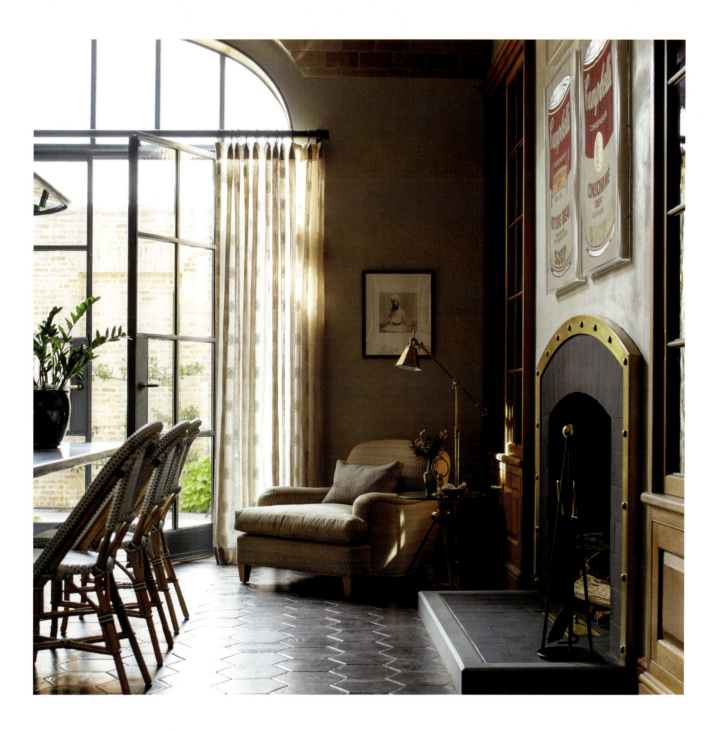

"极好的合作是一种化学连锁反应。所有工程参与者都充满责任感地、全力以赴地追求工程质量的提升的场面是蔚为壮观的。"

菲利普·J.里德巴赫

"当人们布置好家具,使房间具有某种风格,空间的色调和特色得到强化后,房间就具有了自己的生命,在那里始终陪伴着一代代的人们,除非被重新改造或装修。"

史蒂芬·加姆布莱尔

圆点农场

美国，宾夕法尼亚州，切斯特县（CHESTER COUNTY）

约翰·米尔纳建筑设计事务所 (John Milner Architects)

这个新住宅以及农场和马房结构的建筑群是在尊重本地区建筑传统的情况下设计的。从历史上来看，大部分在这个区域定居的人都有英国血统，并且从事耕种土地、种植庄稼、饲养牲畜，以及加工和处理那些人们用以维生的原材料的工作。

在这样的环境中长大，当地的客户们显示出对风格简单的、错落有致的卵石砌面建筑的喜爱，随着定居者的生活变得更加富裕，并且他们的家庭也在扩大，这些卵石建筑已经逐渐变成了一种景观。基于这种考虑，建筑设计师约翰·米尔纳被雇佣来设计房屋和外屋去反映这些特点，并且要把建筑自然地融入一大块具有环境敏感特性的保留开放空间的地形里面，同时也要为客户提供一个现代化的、功能齐全的生活和工作环境。

南（前）边的花园入口作为一片广阔的农业景观和更加结构化的房屋之间的过渡，用一段卵石墙界定并制作出来。卵石墙具有坚固的质地和优美的曲线，点缀着极其精致的石雕工艺品，跟房屋正前方立面成直角面。接下来的封闭院落提供了一个温馨的、私人的家庭空间，家人和客人都可以把这个空间当做入口的延伸来穿过。房子的楼层设计为居住者从房间里眺望农田以外的一系列不同的景色提供了机会。许多房间装饰采用木头镶板以及与之相关的木制品，这些木制品都是从附近一座已经被拆掉的18世纪晚期的历史悠久的建筑中回收的。补充的新的木制品被设计为采用正宗的材料，地面上铺设的是仿古的任意宽度的黄松木地板。手工打造的铰链和挂锁被装在门上和柜子上，既古香古色又方便维修更换。

这个项目的更多图片可以在第111页和第113页找到。

约翰·米尔纳建筑设计事务所专注于从事历史建筑的评估、翻新修复，以及适应性改造，也承担一些古典风格的新房屋的设计。事务所对于三个世纪以来的美国历史建筑的一手体验既来源于历史遗产，也来源于现代人所进行的新的建筑设计。事务所位于宾夕法尼亚州的查兹·福德（Chadds Ford），由负责人克里斯托弗·米勒（Christopher Miller）和玛丽·维纳·德纳达（Mary Werner DeNadai）共同领导。他们多年来负责指导和实施了大量的新设计和古建筑修复项目，其卓越的表现受到本地和全美国建筑领域同行的极大认可。

"设计是第一步,工匠们的主要贡献是实现、丰富,并赋予最后的创造物以个性。"

约翰·米尔纳

新农场

美国，纽约市，哥伦比亚县（COLUMBIA COUNTY）

约翰·B. 莫雷建筑设计事务所（John B. Murray Architect）

这片位于纽约北部的120英亩的大片农田上，有着伯克郡（Berkshires）北部般的美丽景色。 建筑设计师约翰·莫雷（John Murray）被委托在此地设计一座6,700平方英尺的新农舍，这个农舍的设计要求是呈现出古色古香的外观，仿佛它就一直在矗立那里，又必须具有现代生活要求的可居住性、多功能性，以及可持续发展的特性。

这所房子的设计理念是要展示当地的发展变迁，风格应该能显示房子随着时间的推移而发生的变化。以此为前提虚构的故事将建筑的历史追溯到18世纪荷兰农民建造的大小适中的卵石墙小屋。随着家庭的兴旺繁荣，一所雄伟的联邦风格的主屋建在了旧房子旁边。在新英格兰农场建筑的基础上，这个家庭后来又为满足厨房、储藏室、休闲室的功能需要，增加了"小房子"和"后屋"。在这个虚构故事中的某个地方提到，一个谷仓也建造了起来。

特定时期的建筑材料、装饰和建筑性的元素的采用，进一步增强了所要营造的历史错觉。联邦式的主屋上采用了更多的精致细节设计，有着石膏飞檐、窗户上方的柱顶、粉刷的镶嵌式墙壁和铅包铜的屋顶。荷兰式旧厢房采用的是简朴的灰泥墙、粗制横梁式天棚、木质百叶窗和雪松木活动屋顶。最后增加的建筑部分呈现出富有层次感的夏克风格（Shaker style），室内采用油漆的光滑橱柜、再生木材制作的墙和大片的木板天花板。室内设计师山姆·布朗特（Sam Blount）负责整所房子的装修设计。

那座19世纪的谷仓本来位于纽约布法罗（Buffalo），完全采用手劈木材建造，在拆卸后运到此处，在对材料予以修复后进行了精心的重建。现在它已经作为房屋主人的车间使用。单独增建的附属建筑还包括一间拥有两个车位的车库。

这个项目的更多图片可以在第27页找到。

15年来，约翰·莫雷在纽约的事务所一直以其设计的传统的审美风格、简单的形式，特别是极高的工艺制作水平，为世人所称赞。该事务所采用始于手工绘制的设计计划，善于进行天衣无缝的睿智整合和具有独特细节的设计。唯有创造性的清晰展示，才能赢得这个古老世界的关注和尊敬，而这有赖于客户与建筑师之间的面对面的交流——这是该事务所信奉的圭臬。多年来，约翰与许多美国顶级设计师合作，被视为是公园大道（Park Avenue）的本土专家。

"合作使得我们有机会将自己对设计品质的更高追求变成现实。作为一个建筑设计师,我曾跟很多优秀的专业设计人士和工匠们一起合作,去创造美丽的居住空间。"

约翰·莫雷

博科斯伍德住宅

美国，田纳西州，纳什维尔市（NASHVILLE, TENNESSEE）

G. P. 谢弗建筑设计事务所（G. P. Schafer Architect）

有时候，想使历史悠久的房子适应现代家庭生活需求，要求对它予以重新设计。但是，这并不一定意味着在这个过程中它会失去灵魂，实际上它有时是重新获得灵魂。这座位于纳什维尔市贝尔·米德郊区（Belle Meade suburb of Nashville）、由查尔斯·普拉特（Charles Platt）设计的、面积达14,000平方英尺的房子始建于1914年。20世纪50年代，它被彻底改建，外表用砖重新覆盖，整个内部被重新装修，并且增加了入口门廊、车库和库房。在20世纪90年代，它被再次改变。当我们的客户2005年买下这个房子的时候，它已经失去了大部分的普氏原创设计的魅力。

处于对普拉特最初设计有效性的信仰，我们再一次完全重新设计了房子，以恢复原来内部的陈设，为花园重新引入原有的法式门，并重新建造了20世纪50年代的门廊，以便在一定程度上让这所建筑更符合普氏建筑风格。最重要的是，我们使这个房子适应了一个有三个年幼孩子的年轻家庭在21世纪的生活方式，他们的生活围绕着一个新的大型厨房、家庭成员和非正式的餐厅而不断重复展开。

我们与纳什维尔的环境美化设计师加文·杜克（Gavin Duke）和室内设计师戴维·内托（David Netto）已经密切合作了四年多。我们的设计使得房子重新获得其原始的古典优雅和朴素低调风格，同时通过对内部建筑细节和装饰的现代化实现了建筑的宜居性，恢复了其新鲜度和生命力。所有这一切都是在原来建筑的基础上完成的，在过去的一段时间里，该房屋由地方分区委员会托管。

该项目的更多图片请参见第22、24、246页。

G. P. 谢弗建筑设计事务所是一家位于纽约、专业从事古典和传统住宅建筑设计的公司。公司的每个项目都强调承诺质量、工艺、缜密的基于历史先例理解的细节，最重要的是舒适度和宜居性。在负责人吉尔·谢弗三世（Gil Schafer III）的带领下，该公司频频出现在大西洋两岸的书籍和期刊上，而且获奖无数，其中包括三次获得颁发给杰出古典式住宅设计的帕拉第奥奖（Palladio Awards）。

"要建造一所真正漂亮、适合居住,而且扎根于这片土地的房屋,需要建筑设计师、景观设计师和室内装修设计师彼此间从一开始就进行充分的交流。要创造出好东西来,需要停止个人表现,尊重他人的意见。"

吉尔·谢弗三世

古典主义仿古风格的联排别墅

美国，加利福尼亚州，旧金山（SAN FRANCISCO，CALIFORNIA）

安德鲁·司格曼建筑设计事务所（Andrew Skurman Architects）

这座新建联排别墅位于旧金山的太平洋高地地区的一块空地上，房子的正面朝南，面向公园，而房子的后面北临旧金山湾（the San Francisco Bay）。这个地区的建筑以其古典主义与现代主义风格的错综复杂而闻名，而致力于这种风格的对话，一向是建筑设计师安德鲁·司格曼（Andrew Skurman）的主要追求之一。

司格曼的设计系根据自己在库珀联合学院（the Cooper Union）学习时代的积累，从闻名历史的农庄阳台（the La-Grange Terrace）的设计汲取的灵感，而农庄阳台则是一处位于熙熙攘攘的拉菲逸街（the Lafayette Street）上的不朽门厅建筑。司格曼根据那处建筑设计的原则，决定将别墅的车库向前突出设计，从而创建出一个基座来支撑二层的多利斯型（Doric）圆柱式的全新户外阳台。圆柱的规格呈现出强有力的街头表现力，使这个相对较小的建筑有机会与其他两座相邻建筑互动。但是司格曼和他的团队不愿设置会造成阴影的典型的固体房顶，而是选择了开放的藤架，让阳光进入面向门厅的房子。由于阳台高于街道，因而在那里不仅可以看到阿尔塔广场（the Alta Plaza）的壮丽景观，同时也使人感受到一种南部加利福尼亚州的室内外生活风格。

位于别墅中心的是一道优雅的楼梯，有三层螺旋上升的阶梯，被从上方圆形窗口射进来的光线照亮。楼梯间承担着中心交通功能，由此可以到达各个主要空间。设计师玛莎·安格斯（Martha Angus）运用了较多现代风格的和少量古典风格的装修材料来装饰室内，并细心选择陈设的工艺品。家庭休息室和厨房秉承开放的设计理念，被设计成独立结构，在距离阳台较远的地方展开。

有关这个项目的更多图片可以在第25页找到。

安德鲁·司格曼于1992年在旧金山创建了自己的公司。他的建筑公司专注于最棒的民俗房屋设计，这些房屋都是按照客户的意愿，或者已有明确的完美的逻辑和计划精心设计的。他的专业技能在优雅精炼的古典主义风格建筑中得到表达，并在法国式、乔治亚式、地中海式风格建筑的内在呈现中得以淋漓尽致地展现。安德鲁曾获得由法国文化部门颁发的"艺术和文学的骑士"称号。

"建筑委托方和建筑设计师之间的关系是所有建筑工程中要涉及的关系中最重要的。合作始于我们最初的对坐而谈，我很高兴有机会倾听委托人诉说自己的愿望和所希望的做事程序。随着一张白纸被铅笔写满，最初的设计想法开始成形。"

安德鲁·司格曼

帕拉第奥式别墅

英国，威尔特郡（WILTSHIRE，ENGLAND）

乔治·索米里兹·史密斯，ADAM建筑设计事务所
（George Saumerez Smith, ADAM Architecture）

这是一座具有意大利文艺复兴时期的建筑设计师安德里亚·帕拉第奥（Andrea Palladio）典型设计风格的乡村公馆，坐落在威尔特郡一个小村子边的废弃奶牛场上。这座房子反映出房主对意大利文化的热情和对内部装饰及园艺的不凡品味。入口处略显简单和低调，再往前有三段围栏结构，组成了一个拱廊，作为封闭的入口门廊或凉廊。不同的是，花园的入口则更符合建筑法则，是一段严格遵循帕拉第奥名著《建筑四书》（I Quattro Libri dell'Architettura）建造的多利斯型柱廊。

这个项目的设计来自于这样一种想法，这个房子可能最开始是由从意大利归来、把异域观念带回英格兰的勇敢旅行家所建造。凉廊最初被建成了一个完全开放的拱廊，前门正好在一个隐蔽位置的后面。随着时间的流逝，主人发现这样一种安排更加适应意大利的气候而不是英格兰的气候，因此他们在凉廊装上玻璃墙，同时加了一个安装服务设施的厢房。这段虚构的历史可能看起来有点异想天开，但它为这所房子增添了逻辑性以及多层文化意趣，例如，凉廊上装玻璃的门与房子的其他地方的门就是不同的。

这所房子是用天然石材建造，再用石灰粉刷的，屋顶是石板做的，还有一个用红砖建造的安装服务设施的厢房。天然材料也被广泛用于房子的内部，主楼梯就是完全用波特兰石头建的。房子的中间部分用渐变的软色调装饰，所装饰的风格大胆的雕刻板由建筑雕塑师杰弗里·普雷斯顿（Geoffrey Preston）设计，材质是灰泥。

考虑到这个地方五年前还是被混凝土和沥青碎石覆盖着的，房子的附属花园建造速度还是蛮快的。任何一所新房子都需要附近有大树，以便使住宅感觉起来更加温馨，相信随着时间的推移，这所房子会很快变成风景中很自然的一部分。

乔治·索米里兹·史密斯，作为总部在温彻斯特（Winchester）的ADAM建筑设计事务所的一个主任，是英国年轻一代古典主义建筑设计师中的领军人物之一。他的工作包括建造新建筑、改造既有建筑、扩建和维修具有历史意义的古代建筑，他同时还是几个项目的设计顾问和主设计师。乔治非常喜欢测量和描绘历史建筑，他的作品方案已经在英国和世界各地的很多地方展出和出版。他的作品曾获得很多奖项，他还曾经是英国皇家建筑设计师学会（RIBA）2011年度的青年建筑师奖的六个候选人之一。

"看上去，建筑设计训练有鼓舞所有接受过这种训练的人去独立经营的趋向。但最后你会发现成为好的设计师其实就是要学会怎样跟其他人合作。"

乔治·索米里兹·史密斯

寇沙住宅

佛罗里达州，棕榈海滩市（PALM BEACH, FLORIDA）

史密斯建筑集团（Smith Architectural Group）

坐落于棕榈海岸中心地带的寇沙宅（La Chosa），是一个具有里程碑意义的地中海风格住宅，由著名的棕榈海滩市建筑设计师马里恩·希姆斯·维特（Marion Sims Wyet）建于1923年。现在，经由一支有经验的设计团队打造，这笔历史财富在保留其传奇的过去的同时被赋予了更现代化的外观。

房子目前的主人有兴趣在维护公共领域景观的同时，使房子的其余部分变得现代化以适应他们的生活方式。这个大家庭需要更多的卧室和空间用于社交活动。庭院周围的房间组织依然保持原样，餐厅、客厅、凉廊门厅构成了庭院空间的框架。但是过去容纳了拥挤服务人员的工人间和附属间的西厢房被撤掉了。新增加的空间包括一个早餐餐厅、家庭活动室、家庭阳台、厨房的扩建部分，以及四间额外的卧室和一个客厅。

景观建筑设计师马里奥·尼米拉（Mario Nievera）重组建筑后面的地产，并将之开发成了一块颇为广阔的草坪。20世纪60年代那个曾尴尬地"亲吻"历史建筑的宾馆被一个新的宾馆所替代，而新一代宾馆位于北部草坪的东边，中间有一个游泳池。在草坪的西边是一座新式的家庭门廊和家庭活动室。设计团队利用新式门廊和修复的庭院以及游泳池地区创造了多选择多层次的户外休闲区域。在热带地区项目运作中，建筑设计师、室内设计师和风景设计师的合作关系尤为重要。由于外部环境与内部环境同等重要，因而内部与外部的界限也就不那么清晰了。室内设计师谢里尔·康耐特（Sherrill Canet）利用室内可见的花园景观以及美妙的灯光作为室内颜色主色调的设计灵感。室外空间同样也像室内一样设备齐全，天衣无缝地衔接在一起，确保这件历史建筑能够被前来观赏的客人所珍惜。

自从杰弗里·史密斯（Jeffrey Smith）在1989年建立了自己的办公室起，他就一直在从事古典主义风格的建筑设计。在追随棕榈海滩过去的著名建筑传统的基础上，他的作品更注重细节的展示，显得更加优雅和精美，充分显示了他的才能。他赞成对传统建筑风格的重新利用，并认为这是十分有意义的。由于他在棕榈海滩市十分受推崇，以至于被推选为城市建筑委员会和保护委员会（Town's Architectural Commission and Landmark Preservation Commission）的主席。

我相信，当建筑设计师、室内设计师和景观设计师团结起来的时候，
就能创造出要比他们单个所取得的效果总和更棒的效果来。"

杰弗里·史密斯

克里奥尔殖民地式建筑

美国，路易斯安那州，新奥尔良市（NEW ORLEANS, LOUISIANA）

肯·塔特建筑设计事务所（Ken Tate Architect）

秋葵浓汤，是一种结合了法国、西班牙和美国本土影响的典型的新奥尔良配方的菜品， 作为一个完美的比喻，可以用来描述出现在这所房屋里的文化混合现象。

乍一看，正面的四坡屋顶和深廊与路易斯安那州的法国种植园建筑相似，这种相似性是通过门廊的灰泥砖柱子、砖地板和彩绘的屋顶横梁体现出来的。房屋坐落于被运河包围的一块土地上，这座房子还可与法属西印度群岛（French West Indies）的岛屿种植园建筑进行比较。像那些地方一样，这个房子包含由相连和分离的外屋所环绕的一个中央住宅，这些建筑串在一起，就像一串珍珠一样。

然而，跟在克里奥尔建筑（Creole architecture）中常见的法国门不同，这所房子的门侧有两面竖立的条窗，精工制作的前门两边竖立着有凹槽的壁柱，上方是一个扇形窗。塔特选择这些元素来展现和见证在18世纪晚期及19世纪早期新奥尔良街区流行的美国联邦式建筑。在来自霍顿和杜普伊室内装饰公司（Holden and Dupuy Interiors）的安·霍顿（Ann Holden）的协助下，这座房子采用了能够反映当地历史和文化的装饰物。这一点最突出地表现在餐厅里，在餐厅之中，格雷西联合公司（Gracie & Company）的壁画墙纸描绘了热气腾腾的沼泽水域、多节的柏树，以及西班牙苔藓，这些东西给人创造了一种已经走进了一片成为殖民地之前的路易斯安那州景致的错觉。

西班牙卡比尔多官邸（the Spanish Cabildo's official Chamber）十分威严，受其影响，该建筑中才有了这种带有中空并且大面积喷漆的平顶梁和大拱形窗户的客厅。肯·塔特说："我感觉这个房间像殖民地总督府邸里的一间巨大的娱乐室。"这里的房屋和别处一样，将建筑风格和文化融合在一起。西班牙式拱廊以及中间的法兰西式扇形门，让人想起新奥尔良这所城市的文化融合精神。

在第14、15页可以找到有关这个项目的更多图片。

新奥尔良建筑师肯·塔特在1984年建立了自己的同名事务所，自此之后，他就成了美国最炙手可热的设计师之一。肯对当地建筑风格的热爱，加强了他对古典风格的理解。他的一些设计只是如实地呈现该类建筑的历史风格，另一些夹杂着不同时期的建筑风格，给人一种他的设计在不断变化、不断成长的印象。使用这样的设计方式，再加上雇佣传统工匠，肯设计的所有建筑都给人一种浪漫的感觉，像是那里面已经住过好几代人。肯·塔特的最近一本新书《古典设计之旅：肯·塔特的房屋》（A Classical Journey: The House of Ken Tate）中收录了大量他的事务所的作品，这本书也是畅销一时的作品。

217

"当客户遇到建筑设计师时,他们通常都各自怀揣梦想。建筑设计师的工作是将他们的梦想由经验式的想象变成三维立体的现实。"

肯·塔特

纽汉住宅

英格兰，康沃尔郡（CORNWALL, ENGLAND）

拉塞尔·泰勒建筑设计事务所（Russell Taylor Architects）

英格兰是一个有着丰富建筑材料的地方。如何利用这些材料，以及让建筑如何跟风景映衬，创造每一片有着不同特点的空间，这是一个问题。但这种利用当地材料来创建建筑所带来的认同感，正慢慢地被想要打破跟过去的联系、打破我们丰富的传统。为了与众不同，甚至更糟的是，仅仅是为了寻求关注，现在许多地方的新的房屋的景观建造中，没有融合任何的文化含义或意义。这所名为纽汉的住宅，通过利用花岗岩、板岩和碎石等当地的材料来抵制这种变化趋势，通过独特的康沃尔的方式来建造房屋。这是一个经典的房屋，也就是说，它是根据那些自古以来就主导着建筑的规则来设计的。古典主义风格建筑倾向于采用良好的比例、简单的造型，并仔细考虑装饰。

房屋所在之处，可以远望到福伊河（Fowey River）面上极好的景色，在设计时且有意识地考虑到了基址的这个优点。房屋又长又低，所有主要的房屋都朝向福伊河的景色。主入口是从陆地的一方进入，被大量的花岗岩闸墩醒目地标记出来。除了这些，引人注目的就是有着四个庞大的希腊多利斯型柱（Greek Doric columns）的入口门廊。在古典主义盛行的希腊和罗马，人们都青睐巨石，在康沃尔郡也是这样，不过康沃尔人是因为花岗岩很难被利用才喜欢用它们做门柱。

在内部，房子总体上采用的是简洁明了的风格。质量粗糙的外观所造成的印象被消解，但仍很大程度上保留了这个地区房子的特色。在内部，没有合适的精细的康沃尔郡瓷石（Cornish stone）可用，所以选用了很多中间夹杂着贝壳和化石的波特兰石（Portland stone）。在两层楼高的门厅中，有一道柱式照壁，跟在入口门廊的石柱相同，这里的石柱也是多利斯型柱，但是直径较细，加工更加精细。这些石柱也都是由单块的石头加工而成，从高到低可以看出分层的海洋沉淀物。

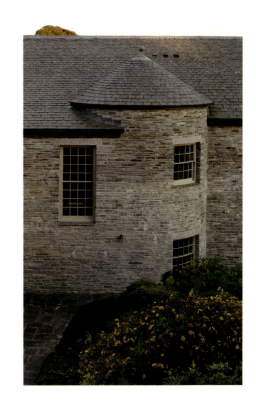

拉塞尔·泰勒在工作中专注于将经典原则应用于现代建筑，设计对象包括新建筑、古典建筑保护、室内设计和家具设计。他在康沃尔郡和伦敦都有工作室，其追求是设计兼具可持续性、实用性和成本优势的经久耐用的漂亮建筑。其获奖的实践精神是设计美丽、永恒的建筑：可持续、实用和成本效益。除了为私人客户设计房子，他也进行为宗教和公共部门工作。拉塞尔·泰勒是一个推动古典主义发展的有力倡导者。作为乔治亚集团（Georgian Group）的执行委员会成员，他总是热情积极地帮助那些跟自己有着相似目标的人。

"建筑艺术的发展有赖于卓有成效的合作,没有建筑设计师和委托人一起将各种各样的建筑元素整合在一起,任何建筑都无法完成。"

拉塞尔·泰勒

金汉农庄

英国，苏塞克斯郡（SUSSEX，ENGLAND）

昆兰和法兰西斯·特里建筑设计事务所

金汉农庄是位于苏赛克斯郡的利普胡克（Liphook）附近的一个古典风格的房子，这个中等大小的房子最近才完工。 从外面看，房子内部有五个单间，每个单间有一扇玻璃窗，楼下两个单间的中间是一条走廊。墙壁是由苏塞克斯砂岩随机地造起来的，屋顶则是由不规则的石板构成的。

该设计的中心是一个大厅，这个大厅的宽度与整个房子相同，大厅中有一段楼梯，通过楼梯与主要的房间相连。这个大厅起到的是交通中心的作用，中间有一个高大的帕拉第奥式壁炉作为空间焦点。大厅的结构是由爱奥尼亚式（Ionic）壁柱撑起的，壁柱上面的天花板采用的是方块图案。

这所房子中最不寻常的特色是精致的巴洛克式门框，这一设计与房子其余部分的简单风格形成对比。这个门框的设计灵感来自于东欧的建筑范例，由克里斯托弗·单森胡夫（Christoph Dientzenhofer）设计的布拉格最著名的圣尼古拉教堂（St. Nicholas Church）。和许多的捷克建筑案例相同，门框被经特殊处理变形，以此来达到戏剧性的效果。这种感觉为覆盖在门框上方的巨大帷幔进一步加强。使用其他地方的建筑装饰图案，而非意大利式或法国式的情况在英国古典主义建筑中十分罕见，这也使得这个门框显得更加与众不同。

在金汉农庄的院落中有一个凉亭，该凉亭被设计成简单的帕拉第奥多利斯型柱式柱廊。作为一个可以坐下来俯瞰池塘的地方，这个柱廊有着非常实际的用途。

关于这个项目更多的图片可以在第2、3页上找到。

和父亲昆兰·特里（Quinlan Terry）一起，法兰西斯·特里（Francis Terry）经营着至今还在运营着的最有名声和影响力的建筑事务所。作为在建筑领域复兴古典的赞成者中的领导者，他们的公司强调把使用传统材料、建筑方法和装饰作为构建现代建筑的一个有价值的解决方法。他们的公司位于戴德姆（Dedham）的一个小的苏塞克斯村庄里，延续着由已故的雷蒙德·艾瑞斯（Raymond Erith）在1928年开创的建筑实践。艾瑞斯尤其擅长受帕拉第奥影响的风格的设计。昆兰和法兰西斯两人都曾获得过多个奖项，其中包括理查德·H. 德里豪斯古典建筑奖（the Richard H. Driehaus Prize for Classical Architecture）。

"建筑业所使用的画布,要比普通绘画所使用的宽广得多,其实施过程需要众多专业各不相同的人们一起合作,这种合作是必需的,也是建筑行业令人高兴的地方。"

法兰西斯·特里

玫瑰溪庄园

美国，康涅狄格州，新迦南市（NEW CANAAN, CONNECTICUT）

瓦迪亚建筑设计事务所（Wadia Associates）

这座伊丽莎白风格的庄园坐落在一座小山上，能将周围新英格兰地区的风景尽收眼底。将哥特式的和文艺复兴时期的元素交汇在一起产生了一些完全属于其自己的东西，瓦迪亚建筑设计事务所早就决定在采用伊丽莎白风格时，要尽可能地使居住者分享到这些壮丽景色，同时也能满足房屋主人的要求。

这个不对称的设计将大量的自然光结合进建筑视野中，使这一设计能够完美地适应现代家庭生活的需要。尽管每个主要的房间都被设计成"花园洋房"，每个房间都被区别对待，这是因为许多不同的窗户和建筑外围有不同的栽植计划。在餐厅能够看到修剪过的玫瑰花园、起居室和用于娱乐的露天平台，楼梯间和一个带顶棚的凉廊相连，厨房中则能够看到季节性的草本花园的全景。在房子的尽头坐落着一个温室，在这里房子的主人可以看到院落的全景，还能看到不属于新英格兰乡村的四季常新的植物。

窗户衬着石头的竖框是半木的结构，三角墙的顶端有着高高的烟囱，倾斜的石板屋顶极其陡峭，墙头点缀着装饰品，此外房子还有着异想天开的S形拱门，所有的一切结合起来，创造出一种伊丽莎白式的美感。

装饰有玫瑰花的建筑图案被包含在整体规划之中，将屋内屋外编织在一起。屋内空间虽然看起来更具有现代感，但仍包含了传统的专门定做的细节，例如镶嵌了红木的藏书阁、由传统切割石材雕刻的石灰石壁炉，以及涂了油的青铜栏杆——这是在康涅狄格州本地制作完成的。正是这种对细节的关注成功地将建筑的内饰和花园连接了起来。这也使得房子给人一种比实际看起来更历史久远的感觉。

在过去的三十年里，迪纳尔·瓦迪亚（Dinyar Wadia）凭借在古典主义风格的房屋、花园和内饰设计方面，在康涅狄格州的新迦南地区赢得了声誉。他优雅精细的房屋展示了蕴含在古典建筑语言中的巨大的通用性和适应性，他的设计的特点是对杰出细节的热情追求和对精细材料的使用，以及特别的工艺的使用。瓦迪亚的核心的设计哲学是强调家庭和其花园的整体关系，这正是他获得大量建筑和园林设计奖的一个方法。

"符合规律的合作是符合大自然母亲的意旨的。"

詹姆士·道尔和凯瑟琳·赫尔曼

"最成功项目的实现取决于团队成员能否实现团结协作。
建筑设计师可以算是乐队指挥,委托人可以算是演出赞助商,承包商和工匠们可以算是管弦乐队成员,
其中室内设计师可以算是为整场演出增加特色的小提琴师。"

迪纳尔·瓦迪亚

法式乡村住宅

美国，宾夕法尼亚州，布林·莫尔（BRYN MAWR, PENNSYLVANIA）

彼得·齐默尔曼建筑设计事务所（Peter Zimmerman Architects）

这所法国式乡村房屋位于宾夕法尼亚州的费城到匹茨堡铁路干线旁，设计将房子和沿边风景天衣无缝地融合起来，但也保留了适合这一地区的合适的建筑细节和材料。

内部装饰布局的设计营造了一种将正式和非正式空间分开的视觉。那些调和更加正式的休闲空间的必要空间朝着房子的前面，通道直接远离正式的庭院和门厅的进口。非正式的空间为这个家庭提供了日常的功能服务，位于这个房子的后面。它们延伸到花园和排屋，创造了一种透明的感觉，同时也和周围的景色融合在一起。厨房的朝向，家庭的卧室、餐厅和花房的朝向让全家能够享受到自然的光线和每天都不同的美丽的风景。院落的尽头是泳池边的凉亭，该凉亭位于两棵大树之间，丰富了人们从主花园凉廊那里看过来的视线。

建筑的风格简洁但并不过分简化，采用传统的建筑材料让这个设计更加丰富，但同时层次体系也得到了精心的缔造。粉饰的灰泥是沙子和石头间自然的连接，再加上故意留下的裂痕，让人产生一种建筑久经岁月的错觉。房子前面的正式建筑部分以石灰岩的窗框为特征，然而那些非正式的地方则采用了带木边的石灰岩门槛。一个雪松木的房顶和当地手工制作的铁艺作品，还有铜的檐沟和排水管，这一切都完美地统一为一个整体。后者作为一种纵向的元素，平衡了这个房间的横向空间。

彼得·齐默尔曼在1982年创立了他的事务所，这是一个提供全面住房设计、位于宾夕法尼亚州费城到匹茨堡铁路干线旁边的公司。彼得设计了一系列的获奖作品，这些作品遍布整个地区，其中包括私人住宅、马术中心和私人的葡萄酒厂。该公司的设计哲学深深地扎根于建筑历史之中：经典的比例和规模，光与影的平衡，以及材料间合理的关系的重要性。他们的设计关注于建筑和自然环境之间的和谐融合。

"设计其实是委托人和建筑设计师之间对话的呈现过程,对具有现实性的可能情况的追求永远没有唯一的答案。"

彼得·齐默尔曼

后记

243
有关作者

244
致谢

247
参考书目

249
参编者简介

254
图片版权说明

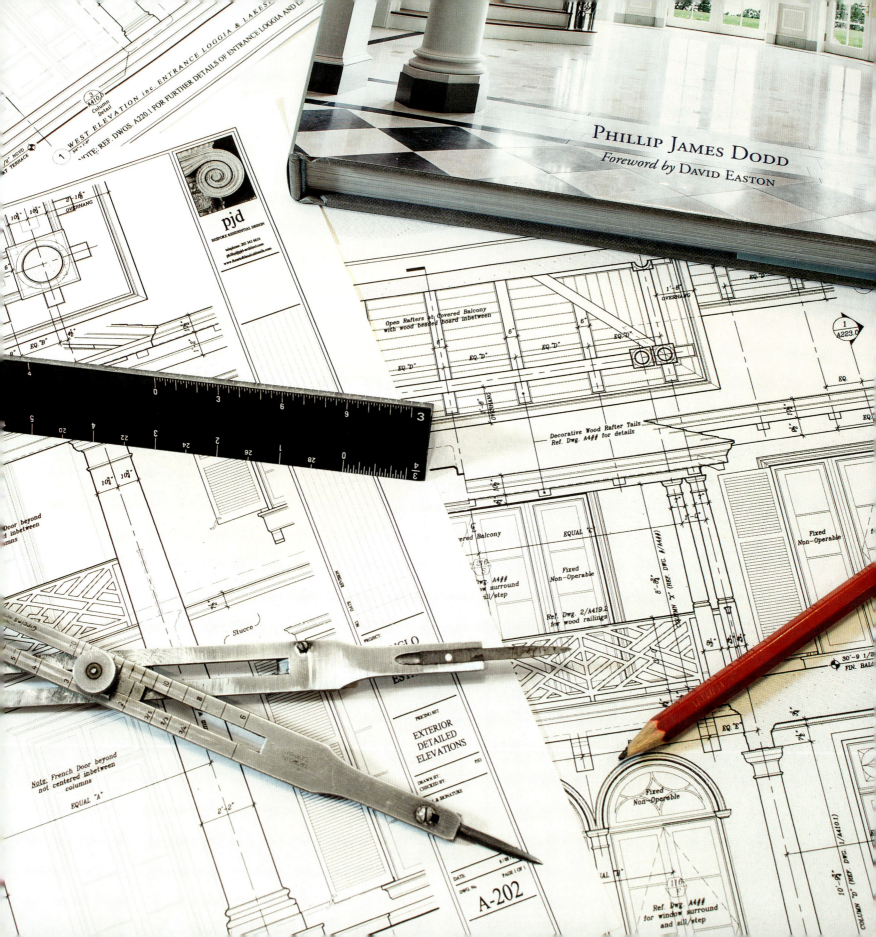

有关作者

"我没法告诉你在看到我的校友在做什么时，我的骄傲和喜悦的心情。你的例子使得我们感到更为迫切的是，我们能够继续在将来培养出更多像你一样的从业者。"

——尊贵的威尔士王子殿下（H.R.H. The Prince of Wales）

作者为英格兰曼彻斯特地区的本地人菲利普，曾就读于威尔士王子的著名的伦敦建筑学院（Institute of Architecture in London）。在搬到美国之前，他在家乡的大学获得了建筑学学位。在美国圣母大学（The University of Notre Dame），他获得了建筑学硕士学位。

在美国一些最知名的住宅建筑公司接受培训后，菲利普创立了自己的设计公司菲利普·詹姆斯·多德定制住宅设计公司（Phillip James Dodd: Bespoke Residential Design）。伴随着在古典建筑和室内设计领域首屈一指的专家名声，菲利普很快成为了最受追捧的年轻住宅设计师之一。在曼哈顿、格林威治和棕榈海滩等很多地方都可以找到他的作品——从74平方米的临时住宅到1,858平方米的海滨地产。

菲利普是古典建筑和艺术协会（Institute of Classical Architecture and Art）的名誉会员，并且最近被他的同行们一致推选为十分高端的INTBAU传统从业者学院（INTBAU College of Traditional Practitioners）的成员，那个组织是一个由传统建筑绘画、建筑和城市规划行业的从业人员组成的高端的国际专业团体。他曾在美国进行过很多以古典建筑为主题的讲座。

菲利普是广受好评的《古典艺术的细节：理论、设计和工艺》（The Art of Classical Details: Theory Design and Craftsmanship）一书的作者，并且是《Venu》杂志的特约撰稿人。他也是《新古典主义者：瓦迪亚建筑设计事务所》（New Classicists: Wadia Associates）的作者，这本书由尊贵的威尔士王子殿下撰写了序言。最近，他正在与乔纳森·瓦伦（Jonathan Wallon）合作完成一大卷新的《纽约城的学院派建筑风格建筑》（The Beaux-Art Architecture of New York City），该书由S. 克里斯托弗·麦格三世（S. Christopher Meigher III）作序。

上图：
本书作者：菲利普·詹姆斯·多德，拍摄地点是康涅狄格州格林威治市一所新近完成的乔治亚风格的家居中。

对页图：
位于佛罗里达州棕榈海滩市的一所盎格鲁-加勒比海风格的新家居的设计图，图上一角为菲利普编写的另一本图书《古典艺术的细节——理论、设计和工艺》。

——菲利普·詹姆斯·多德

致谢

When I first started my architectural education, my grandmother gave me a stipend to purchase one architecture book a month. Many years later this has become a habit—or one could argue, an addiction—that I have maintained. As an undergraduate though, these books allowed me to discover what was not being taught in the classroom—namely the resurgence of classical design. These books became my inspiration and helped shape my career. Two of my earliest purchases were monographs published in the early 1990s by Academy Editions on the works of architects Quinlan Terry and Allan Greenberg. And so it is especially humbling to have these two pallbearers of modern-day classicism featured in the pages of my own book. My hope is that their work, along with the work of everyone else featured in this book, will inspire others just as they have inspired me.

In the words of Ellie Cullman, "This wonderful new book addresses the fundamental issue of collaboration between architect, decorator, landscaper, and the enormous cast of characters who bring their formidable talents to the realization of every project." Well, just like the subject matter in these pages, this volume is a collaborative effort, and I am indebted to all those who have shared their talents—writers, designers, photographers, and artists alike. I am especially grateful to those behind the scenes, working in the offices of the featured architects, who helped to collate and submit all of the material that you see here*.

As with the first volume, it is especially gratifying to be able to feature the work of many people with whom I have become friends over the years—as well as people who I have had the privilege of working alongside. For a short period of time in the late 1990s the New York firm of Fairfax & Sammons Architects attracted a remarkable group of designers. I am proud to be part of this talented alumni and I am honored to be able to feature the work and writing of past colleagues William Bates, Michael Franck, and Ben Pentreath. Although not featured in these pages, I would also like to acknowledge Richard Dragasic, Robert Morris, William Oster, Stephen Piersanti, Seth Joseph Weine, and Richard Sammons—from whom I collectively learnt many of the principals that are shared in this book.

With one eye on the past and one firmly on the future, I'd like to thank all of those with whom I have had the great honor of collaborating with and learning from—as well as expressing my eagerness for what the future has in store. In particular I would like to thank Saranda Berisa, Hossien Kazemi, Christopher Meigher, Lynn Scalo, Ken Tate, Tracey Thomas, and Jonathan Wallen for their support and friendship.

I would also like to thank everyone at Images Publishing Group especially Paul Latham and Rod Gilbert for their patience and skill in putting this book together. This is our second book together, and I look forward to being part of the IMAGES family for many years to come.

My final thanks are reserved for my family, as they continue to be the source of my inspiration. I could not have asked for a more supportive and loving family—and it is for this in life that I am most grateful. To my parents, brother, and my dearest Theresa, I love you.

* Special thanks to Annatina Aaronson, author of the text featured on page 147.

博科斯伍德住宅（参见第197页）：新建的有着橡木护墙板的图书馆，以及另一头的客厅即景。这所重新改造的建筑最初是由伟大的美国古典主义建筑设计师查尔斯 A. 普莱特（Charles A Platt）在1915年设计的。
——G. P. 谢弗建筑设计事务所

BOXWOOD (see page 197): A view into the new oak paneled library, and living room beyond, of this remodeled house originally designed by the great American classicist Charles A. Platt in 1915.
G. P. Schafer Architect

参考书目

Ever since starting my architectural education I have developed the habit – or should I say addiction – of acquiring a book every month. What started off as a few books on those architects I wished to emulate has now blossomed into a collection of close to 1,000 volumes on architecture, interior design, landscape design, and the allied arts. After all, one of the bonuses of the collaborative process is that you not only work alongside other design professionals, you also have an opportunity to learn from them.

Below is a list of 20 of my most recent book purchases – many authored by those featured in these pages. By no means an exhaustive list, these are volumes that I often reference for inspiration.

Architecture

**The Art of Classical Details:
Theory, Design and Craftsmanship**
Phillip James Dodd
Images Publishing Group, 2013
ISBN: 978-186470233

The New Shingled House
Ike Kligerman Barkley
The Monacelli Press, 2015
ISBN: 978-1580934435

**Classical Invention: The Architecture
of John B. Murray**
John B. Murray
The Monacelli Press, 2013
ISBN: 978-1580933681

A Treatise on Modern Architecture in Five Books
George Saumarez Smith
The Bardwell Press, 2013
ISBN: 978-1905622504

A Classical Journey: The Houses of Ken Tate
Ken Tate
Images Publishing Group, 2011
ISBN: 978-1864702903

Interior Design and Decoration

Mario Buatta: Fifty Years of American Interior Design
Mario Buatta
Rizzoli, 2013
ISBN: 978-0847840724

**The Detailed Interior: Decorating Up Close
with Cullman & Kravis**
Elissa Cullman and Tracey Pruzan
The Monacelli Press, 2013
ISBN: 978-1580933551

Time and Place
Steven Gambrel
Abrams, 2012
ISBN: 978-1419700682

Decorating in Detail
Alexa Hampton
Potter Style, 2013
ISBN: 978-0307956859

**English Decoration: Timeless Inspiration
for the Contemporary Home**
Ben Pentreath
Ryland Peters & Small, 2012
ISBN: 978-1849752664

Landscape Design

**The Landscape Designs of Doyle Herman
Design Associates**
James Doyle and Kathyrn Herman
Images Publishing Group, 2013
ISBN: 978-1864705034

Le jardin Plume
Gilles Le Sacnff-Mayer
Les Editions Eugen Ulmer (French), 2008
ISBN: 978-2841383399

Forever Green
Mario Nievera
Pointed Leaf Press, 2012
ISBN: 978-0983388999

The New English Garden
Tim Richardson
Frances Lincoln, 2013
ISBN: 978-0711232709

Historic Precedent

**The Art of CFA Voysey: English Pioneer,
Modernist Architect and Designer**
David Cole
Images Publishing Group, 2014
ISBN: 978-1864706048

**The Drawing Room: English Country
House Decoration**
Jeremy Musson and Paul Barker
Rizzoli, 2014
ISBN: 978-0847843336

**New York Transformed:
The Architecture of Cross & Cross**
Peter Pennoyer and Anne Walker
The Monacelli Press, 2014
ISBN: 978-1580933803

The Buildings and Designs of Andrea Palladio
Ottavio Berotti Scamozzi
(Classic Reprint Series)
Princeton Architectural Press, 2014
ISBN: 978-1616892647

Specialty Design

Color: Natural Palettes for Painted Rooms
Donald Kaufman and Taffy Dahl
Clarkson Potter, 1992
ISBN: 978-0517576601

Carl Laubin: Paintings
John Russell Taylor and David Watkin
Philip Wilson Publishers, 2007
ISBN: 978-0856676338

这所风格闲适优雅的新房子，令人想起查尔斯·A. 普莱特的设计作品。建筑材料选择的是那些不会因岁月流逝而显得古旧的材料——中性色彩的预制水泥构件、屋顶上的回收旧陶瓦和重新利用的柏木。

——柯蒂斯和温德姆建筑设计事务所

Effortless and elegant, this new house evokes the work of architect and landscape designer Charles A Platt. Materials were chosen for their ageless quality – neutral color aggregate stucco, salvaged clay tile roof, and reclaimed cypress.

Curtis & Windham Architects

参编者简介

埃莉·卡尔曼，卡尔曼和克拉维斯股份有限公司

Ellie Cullman is a founding partner of Cullman & Kravis Inc., the distinguished decorating firm in New York City, which she founded with her late partner Hedi Kravis over 30 years ago. Ellie's career has been distinguished by a number of equally impressive achievements. Since 2000, she has been listed in the definitive *Architectural Digest's* AD 100 designated best designers and architects. Additionally, she was included on the AD list of The Deans of American Design in January 2005, and was the recipient of the Stars of Design Award at New York's D&D Building in October 2009. A strong proponent of the arts, Ellie has served as a guest curator at The Museum of American Folk Art. In addition, she is currently a member of the Museum of Modern Art's Contemporary Council and the Metropolitan Museum's Visiting Committee on Objects and Conservation.

肯·塔特，肯·塔特建筑设计事务所

Ken Tate received his formal schooling at the Georgia Institute of Technology, the Atlanta School of Art, and Auburn University in Alabama. In 1984, he started his own eponymous firm, and has since designed over 50 homes - proving that traditional architecture not only has a voice, but that it has one with beauty and purpose. Ken is also an accomplished artist, whose non-figurative work has been exhibited throughout the Country and can be found in private collections in New Orleans, New York, Los Angeles, Nashville and Houston.

史蒂芬·加姆布莱尔，S. R. 加姆布莱尔股份有限公司

Steven Gambrel is the founder and president of S.R. Gambrel, Inc., an influential interior design firm specializing in both residential and commercial commissions, as well as custom product and furnishings. Having founded his company in 1996, only three years after earning a degree in architecture from the University of Virginia, Steven has been recognized for his endless dedication to creating highly customized interiors and architectural details for each project, as well as his passion for timeless comfortable homes that improve with age. His work is featured consistently in the world's leading publications, and was recently honored as one of "today's greatest talents in architecture and design," in *Architectural Digest's* AD 100.

乔尔·巴克利，艾克·克莱格曼·巴克利建筑设计事务所

Joel Barkley is partner at the award winning Ike Kligerman Barkley, the New York and San Francisco based architecture and design firm. An architect as well as a watercolorist, Joel brings a painterly approach to the composition of houses and gardens – where he has illustrated several garden books, and maintains his own organic garden. He received his Master in Architecture from Princeton University, and also attended the Ecoles d'Art Americaines en France Fontainbleau. Together with partners John Ike and Tom Kligerman, Joel has been named as one Architectural Digests leading designers every year since 1995.

唐纳德·考夫曼，唐纳德·考夫曼色彩设计工作室

Donald Kaufman is one of today's foremost architectural color consultants. He and his wife and design partner, Taffy Dahl, have been creating architectural paint color for more than 30 years. As a pioneer in the field of architectural color, Donald creates pigment formulations based on each color's unique character and performance. Colors are designed with exclusive ingredients, making significant difference in their ability to bring balance and harmony to a room. Donald has developed color schemes for numerous private residences, major museums, art galleries, and public spaces. Recent projects include The American Wing of The Metropolitan Museum in New York and The Kennedy Center Concert Hall in Washington DC.

约翰·罗杰斯

John Rogers has a reputation for quality, innovation and customer satisfaction as a result of his experience in building high-end, custom homes for clients from Palm Beach to Miami. Working in a variety of architectural styles, his reputation has been built by assembling a talented team and developing a collaborative atmosphere for the client and their design team. John's experience in the luxury home building market combined with his background in business and finance has enabled him to relate well with clients and has added a beneficial perspective to the way luxury custom homes are built. He has collaborated with some the America's finest architects, interior designers, landscape designers and craftspeople.

詹姆士·道尔、凯瑟琳·赫尔曼，道尔·赫尔曼设计事务所

Founded by James Doyle in 1993, and later joined by Kathyrn Herman in 2000, Doyle Herman Design Associates is an award-winning landscape design firm that creates extraordinary design by integrating artistic expression within the contextual perspective of the presented architecture. Prior to 1993, James was head of a Russell Page garden in his native Ireland. Together with this horticultural experience and a strong design philosophy, James and Kathryn are able create unique and innovative landscapes. The firm's designs have garnered several awards, including the 2010 APLD International Designer of the Year.

卡希尔·哈莫迪，哈莫迪建筑设计事务所

A native of Lebanon, Kahlil Hamady received his primary education at the French school of the "Lycee Franco Libanais" in Beirut. Following a two year apprenticeship with Copper Robertson in New York City, he continued his practice with the internationally renowned landscape designer Francois Goffinet, working on high end residential and landscape projects throughout the United States and Europe. While residing in England, he served as the principal architect for the landscape works at Glympton Park, a 10,000 acre estate in Oxfordshire. In 1997 he founded Hamady Architects, expanding the practice of collaborative artistic and crafted works to the three interrelated subjects of Architecture, Landscape and Interior designs.

法兰西斯·特里，昆兰和法兰西斯·特里建筑设计事务所

Since qualifying as an architect in 1994 from Cambridge University, Francis Terry has worked with his father Quinlan Terry. Together they operate one of the most celebrated and influential architectural firms practicing today. Francis is a gifted artist, and regularly exhibits drawings at the *Royal Academy*, and won the Worshipful Company of Architects Prize for Architectural Drawing in 2002. For his artistic paintings he has won the Silver Medal for Portraiture from the Royal Society of Portrait Painters and the Windsor and Newton Young Artist Award.

福斯特·里夫，福斯特·里夫联合公司

Foster Reeve, President of Foster Reeve & Associates, holds an MFA from Parsons School of Design. His passion for design led him in 1992 to found his own company, to singularly pursue the craft of traditional plasterwork. Foster's mission is to ignite interest in plaster in the design community and promote its use as the best material choice for quality trim and decoration. He specializes in custom-designed plaster moldings, ornamentation and bas relief, as well as integral color stuc pierre, scagliola, and a host of decorative wall finishes. His work adorns major projects around the world.

卡尔·索伦森，纳斯公司

Carl Sorenson co-founded The Nanz Company in 1989 with Steve Nanz. They started their business by refurbishing existing hardware for pre-war apartment renovations. At the behest of their clients they began making replacement hardware for renovations, which in turn prompted them to develop their own line of hardware. Today, The Nanz Company offers over 3,000 distinct products in a vast array of finishes, all manufactured in the company's 50,000-square-foot (4,645-square-meter) Long Island factory. Nanz operates showrooms in New York, Miami, Houston, Greenwich, Chicago, Los Angeles, and London.

对页图：
这所位于芝加哥的新建联排别墅的立面建筑材料包括印第安纳州出产的石灰石、浅黄色的诺曼砖（Norman brick）和打地基的卡罗莱纳州格林县（Greene County）出产的花岗岩。建筑被设计成仿佛已经在那里矗立了一个多世纪的模样。

——里德巴赫和格雷厄姆建筑设计事务所

The façade of this new Chicago townhouse includes cut Indiana limestone, buff Norman brick, and a Greene County Corolina granite base, and is designed to look as if it has been there since the turn of the last century.
Liederbach & Graham Architects

位于蒙特西托（Montecito）的拉韦洛庄园（The Villa Ravello）采用了在加利福尼亚地区长期流行的西班牙地中海式家居建筑风格。
——阿普尔顿联合建筑设计事务所

The Villa Ravello in Montecito follows in California's long tradition of Spanish Mediterranean style homes.
Appleton & Associates

卡尔·洛宾

A native of New York, Carl Laubin studied architecture at Cornell University before moving to England in 1973, where he worked for a succession of architects. Carl credits architect Jeremy Dixon for launching his new career as a painter, when he was commissioned to paint depictions of the 1987 redevelopment of the Royal Opera House. Since then, he has produced paintings for a variety of leading classical architects, most notably Leon Krier and John Simpson. Most recently Carl has received wide acclaim for his *capricci* celebrating the work of individual architects such as Palladio, Wren, Hawksmoor, Vanbrugh, Cockerell, Krier, Outram, Ledoux, and Lutyens.

本·彭特里斯，本·彭特里斯建筑设计事务所

Ben Pentreath opened his architectural practice in 2004. A decade later, the firm is still small in size but works to many different scales, from large-scale urban and master-planning projects to the design of one-off houses, interior decoration, and furniture. In 2008, Ben opened a tiny eponymous design store, which has become one of the most influential small shops in London. Ben's aesthetic is inspired by tradition and a respect for carefully detailed authentic materials and design, but combined with a love of contemporary culture, which means that life is never dull. He writes regularly for the *Financial Times*.

约翰·米尔纳，约翰·米尔纳建筑设计事务所

John Milner is a respected and widely published architect with a career-long passion for historic preservation and new traditional design. His particular expertise is in the detailed analysis of historic buildings to document their physical and cultural history, and the development of strategies and technical procedures for their restoration, conservation and adaptive use. Prior to starting his architectural practice in 1968, John was employed as a staff architect for the Historic American Building Survey and Branch of Restorations of the U.S. National Park Service. He has taught at the University of Pennsylvania's Graduate School of design for over thirty years, receiving the *Perkins Award for Distinguished Teaching* in 2007.

林恩·斯加罗，林恩·斯加罗设计事务所

Lynne Scalo has more than a decade of interior design experience. Her sophisticated yet functional design aesthetic reflects her ability to seamlessly blend modern glamour with classic elegance, transcending both staid traditionalism and faddish trends, instilling timelessness to all her projects. Lynne has designed projects with clients in Connecticut, Manhattan, the Hamptons, Nantucket, Palm Beach, Aspen, London, and Frankfurt. A keen observer of life's nuances, Lynne's design is widely respected for the art and integrity shown in its approach to every project. A world traveler with an eye for fashion and an extensive background in fine arts, Lynne also works with her clients on developing and expanding their art collections.

芭芭拉·沙利克，水厂有限责任公司

Barbara Sallick co-founded Waterworks in 1978 with her husband, Robert, and serves as the company's senior vice president of design. She is the arbiter of Waterworks influential design aesthetic and oversees creative decisions that span from the details of product development to the logistics of store layouts. Using her education and lifelong interest in art and travel, Barbara employs formal principles of architecture and decoration to elevate the bath to a space that is as beautiful, personal and inviting as it is practical. Waterworks now operates multiple showrooms nationally and internationally, including new locations in London and New York.

威廉·贝茨三世，美国建筑艺术学院

William Bates founded the Drawing and Design Department at the American College of the Building Arts in 2005, where he continues as a full professor lecturing on classical drawing principles and aesthetics. He is a Fellow of the Institute of Classical Architecture and Art, where he founded and supports the Edward Vason Jones Rome Scholarship, in memory of his late mentor. As an accomplished designer in his own right, William also specializes in American Furniture and Decorative Arts (1800–1840), with a focus on construction methods and conservation. His formal education includes a Bachelor of Interior Design from Auburn University and a Master of Architecture from the University of Miami.

图片版权说明

PHOTOGRAPHY :

JEAN ALLSOPP: 140, 141, 142, 143, 144, 145

JAN BALDWIN: 106

PAUL BARKER: 222, 223, 224, 225

SIMON BEVAN: 102, 107

JUNE BUCK: 79, 80

NICK CARTER: 2-3, 209, 226, 227, 228, 229

TOM CRANE: 113, 184, 185, 187, 188, 189, 239

JOHN CRITCHLEY: 206, 207, 255

SHEPPARD DAY: 21

ERICA GEORGE DINES: 152, 153

TIMOTHY DUNFORD: 14-15, 28, 32, 61, 216, 217, 218, 219, 220, 221, 240

EMILY JENKINS FOLLOWILL: 17, 154, 155

JAMES GARRISON: 186

GEOFFREY GROSS: 111, 112

DAVID HAMSLEY: 54

PAUL HIGHNAM: 132, 133, 134, 136

NICK JOHNSON: 8, 12-13

RICHARD JOHNSON: 130, 156, 157, 158, 159

ERIK KVALSIVIK: 236, 237, 238

NEIL LANDINO JNR: 5, 64, 67, 68

DAVID DUNCAN LIVINGSTON: 26

PETER MARGONELLI: 50

MATTHEW MILLMAN: 25, 202, 203, 204, 205

DANIEL NEWCOMB: 86

PETER OLSON: 243

DON PEARSE: 108

ERIC PIASECKI: Front Cover, 11, 23, 44, 47, 48, 49, 176, 177, 178, 179

TIM STREET PORTER: 114, 117, 118, 119

AUSTEN REDMAN (FRANCIS JOHNSON & PARTNERS): 174, 175, 176, 177

JASON ROSENBERG: 53

KIM SARGENT (SARGENT ARCHITECTURAL PHOTOGRAPHY): 58, 62, 210, 211, 212, 213, 214, 215

DURSTON SAYLOR: 27, 38, 41, 42, 43, 168, 169, 170, 171, 172, 173, 190, 191, 192, 193, 194, 195

TONY SOLURI: 178, 179, 251

GREG TINIUS: 255

ALEX VERTIKOFF: 136, 137, 138, 139

MATTHEW WALLA: 252

JONATHAN WALLEN: Inside Sleeve, 18, 22, 24, 196, 197, 198, 199, 200, 201, 230, 231, 232, 233, 234, 235, 242, 246

WADE ZIMMERMAN: 1, 160, 161, 162, 163

DRAWINGS & RENDERINGS:

STEPHEN DAVIS: 16, 63, 245

CARL LAUBIN: 20, 94, 98-99, 101

REDFISH RENDERING LLC: 36-37

HAMADY ARCHITECTS LLC: 166

GEORGE SAUMAREZ SMITH: 208

FRANCIS TERRY: 29

LESLIE–JON VICKORY: 256

COURTESY OF:

THE AMERICAN COLLEGE OF THE BUILDING ARTS: 126

CURTIS & WINDHAM ARCHITECTS: 6, 146, 147, 148, 149, 150, 151, 248
(These photographs are from the forthcoming book tentatively titled *A Monograph on the Work of Curtis & Windham Architects* and used by permission of Curtis & Windham Architects Inc, and Texas A&M University Press)

HAMADY ARCHITECTS LLC: 71, 72, 75, 164, 165, 167

DONALD KAUFMAN COLOR: 56, 57

THE NANZ COMPANY: 19 top, 88, 91, 92, 93

BEN PENTREATH: 105

FOSTER REEVE & ASSOCIATES: 19 bottom, 30, 82, 85, 87

QUINLAN & FRANCIS TERRY ARCHITECTS: 76

WATERWORKS: 120, 123, 124, 125

这所位于汉普郡的新房子的设计试图承袭在18世纪英格兰发展成熟的帕拉第奥式的建筑风格，具体参考了帕拉第奥为位于拉·吉左拉（Le Ghizzole）的拉格纳庄园（the Villa Ragona）所做的未完成的设计。
——乔治·索米里兹·史密斯，ADAM建筑设计事务所

The plan for this new house in Hampshire explores the heritage of Palladianism developed in England in the eighteenth century, and is based upon Palladio's un-built plan for the Villa Ragona at Le Ghizzole.
George Saumarez Smith, ADAM Architecture